Q.聽說飲用鮮奶可能導致鐵缺乏，在一歲以前不建議直接飲用鮮奶，是真的嗎？

醫師・娘： 嬰兒從出生開始，以母乳／配方奶為主食，但隨著年紀，身體成長所需要的營養成分比例也有所改變。尤其是鐵這項營養成〇〇〇〇〇〇〇〇〇〇較少，僅靠乳品為營養來源會讓孩子缺鐵。並不是〇〇〇〇〇〇〇〇〇〇〇〇〇〇在添加副食品的過程當中均衡的攝取到富含鐵質的食物，例〇〇〇〇〇〇〇〇〇〇〇〇記乳方奶是有針對這年齡幼兒所需營養進行營養成分調整，再〇〇〇〇〇〇〇〇〇〇乳容／配方奶與副食品差不多就飽了，所以相較之下沒有必要〇〇〇〇〇〇〇〇〇〇〇就量。當然，偶爾做為點心或是嘗鮮地淺嚐幾口也不是不行〇〇〇〇〇〇〇〇〇〇〇是了。當孩子從副食品階段畢業，進入幼兒食階段以後，基本上可以吃的幾乎已差不多而且母乳／配方奶也退居點心的角色時，就可以放心以鮮奶代替母乳／配方奶囉！

U0080793

食材名稱	階段1 4〜6個月	階段2 7〜8個月	階段3 9〜11個月	階段4 1歲〜 1歲6個月	注意事項
			維生素、礦物質來源		
★蔬菜類 菠菜	△	◎	◎	◎	從柔軟的葉子餵起。燙過後浸入冷水中去除苦味。
小黃瓜	△	△	◎	◎	做成蔬菜棒的時候也要先燙過。
紅蘿蔔	◎	◎	◎	◎	有豐富的β-胡蘿蔔素，若做成蔬菜棒要先燙過，切記寶寶1歲前不能吃生食。
茄子	△	◎	◎	◎	浸入冷水中去除苦味後再做調理。去皮使用。
青椒	✕	△	◎	◎	推薦使用帶有甜味的紅椒或黃椒，豐富的色澤可增加食慾。
花椰菜	◎	◎	◎	◎	富含維他命C。在階段1需磨碎。
高麗菜	△	◎	◎	◎	相當容易獲得的食材，味道也相當平易近人。階段一時避開較硬的梗，使用葉片部分打成泥開始。
萵苣	△	△	◎	◎	加熱烹煮過再給寶寶吃。
蒜頭、薑	✕	◎	◎	◎	有非常多硫化物及免疫功能，但給寶寶的量不宜過多，避免過於刺激。
豆芽菜	✕	✕	△	◎	切碎水炒做成羹湯會較易食用。
蓮藕	✕	✕	△	◎	纖維較多，因此磨成泥會較易食用。
竹筍	✕	✕	✕	△	可餵寶寶吃比較柔軟的部分。要確實去除苦味。
芹菜	✕	✕	△	◎	切碎之後少量加在燉煮的料理中。
菇類	✕	✕	△	◎	較有彈性，所以要切碎便於食用。
皇宮菜	△	◎	◎	◎	先從葉子開始餵起，本身帶有一點苦味，可以嘗試與其他食材混合降低苦味。

Q.什麼是皇宮菜？

煮廚。史丹利： 皇宮菜又稱為「落葵」，本身具有黏液，可保護胃腸，加上其豐富的纖維質，可幫助消化。因皇宮菜的蛋白質含量比一般蔬菜來得多，且富含鈣、鐵質，是非常好的食材，在傳統市場或超市都可購得，我們在本書食譜也有教大家做皇宮菜料理喔！

食材名稱	階段1 4～6個月	階段2 7～8個月	階段3 9～11個月	階段4 1歲～ 1歲6個月	注意事項
維生素、礦物質來源					
蘋果	△	◎	◎	◎	磨成蘋果泥或做成蘋果精較易餵食。 本書p.116有教爸媽們自製蘋果泥&蘋果精喔！
草莓	△	◎	◎	◎	由於吃的時候不需去皮，所以要仔細清洗，避免農藥殘留。
桃子	△	◎	◎	◎	口感滑滑順順的很能促進食慾，且比較不酸。
橘子	△	◎	◎	◎	也可做為酸味的調味料使用。
哈密瓜	△	◎	◎	◎	甜甜的很容易入口。軟軟的很適合寶寶吃。
奇異果	✕	△	◎	◎	有的寶寶不喜歡它的顆粒感和酸味。
西瓜	△	◎	◎	◎	嚐起來甜甜的，水分很多也很好壓碎，很適合寶寶食用。
香蕉	△	◎	◎	◎	容易壓碎，拿來增加黏稠度也很方便。
鳳梨	◎	◎	◎	◎	鳳梨纖維很多，階段1需把果渣過濾成果汁比較合適。階段3可切成小碎粒；階段4可切小塊給寶寶咀嚼。
芭樂	◎	◎	◎	◎	需確實挖除芭樂籽，並磨碎或打汁。
海帶芽	✕	△	◎	◎	煮到軟軟稠稠的再用。也可以拌進粥之類的料理之中。
寒天	✕	✕	△	◎	凝固成較軟的狀態，可讓食材較易食用。
其他食品					
果醬	✕	✕	△	△	選用添加物和砂糖較少的產品。
蜂蜜	✕	✕	✕	◎	即使經過加熱，仍然可能含有肉毒桿菌毒素，所以1歲過後才能吃。

（★水果類　★海藻類　★其他）

注意：此表格之 ◎ △ ✕ 僅供參考，請依照寶寶的成長狀況循序漸進給予，若有任何疑問，請詢問醫師。

Q.蠶豆症寶寶吃副食品要注意什麼呢？

醫師。娘： 蠶豆症是指因遺傳因素導致葡萄糖-六-磷酸鹽去氫酵素（Glucose-6-phosphate dehydrogenase,G6PD）缺乏的先天代謝異常疾病。缺乏G6PD的時候，如果碰上特定的物質會使紅血球受破壞產生急性溶血性貧血；例如接觸到氧化性藥物、蠶豆、樟腦丸（臭丸）、紫藥水、磺胺劑，以及部分解熱鎮痛劑時。一般飲食當中只有新鮮蠶豆與大量攝入蠶豆製品時會有引發的危險，其他食物原則上並沒有特殊禁忌症。藥品類需事先告知醫師病童為蠶豆症患者。若爸爸媽媽有任何相關疑慮，請諮詢醫師。

醫師╳廚師聯手出擊
新手爸媽也能輕鬆製作營養美味的副食品，
讓寶寶頭好壯壯、健康長大！

 捷徑文化
Royal Road Publishing Group

作・者・序

醫師。娘／兔子

　　說起來汗顏，我家三代以來都不諳廚藝。所以一開始編輯要求我寫副食品的時候，我說我來寫殺人料理一百道還比較快，但是出版社很有心，他們直接幫我準備了一名超厲害的廚師，所有開菜單、選擇食材、備料和調理食物都是由主廚級的史丹利老師完成的。

　　雖然關於均衡營養攝取、幼兒咀嚼發展過程是我的領域，但是哪些食材搭配起來才好吃、或是怎麼樣的料理方式適合這樣的食材，完全不是我的專門。關於這方面自身有深刻的體驗，我奶奶在日治時代有念到第三高等女學校（相當於現在的高中），而且她也是選擇理科，小時候她都固定會訂閱日本的主婦雜誌。某次她在雜誌上看到文章提到鱔魚對健康很有好處，當天她就興沖沖的去市場買了鱔魚回來要給我爺爺「補」一下，但是我家有「醫師娘遠庖廚」的傳統，不知道為什麼她把鱔魚跟飯一起煮，成果講好聽一點是燉飯，但其實跟噴（廚餘）有八七成相似。我跟爺爺只吃了一茶匙的量就再也不肯入口，心理陰影大概跟巨蛋一樣大，直到我某次去台南玩吃到鱔魚意麵才對鱔魚這個食材改觀。

　　講這麼多，我只是想表達，餐點跟配藥一樣，不是你精心搭配好好的就一定會有效，還要兼顧到使用者買單效果才出得來。所以除了營養均衡的考慮之外，如何做得好看又好吃是這本書最大的特色。

如果有在追蹤我網頁的人就知道，這本書即將完成的時候，我隨著太醫（我的小兒科醫師老公）旅居京都，被迫左京都太太無休日，我每天都要騷擾史丹利老師請教各種下廚的祕技，直到這本書出版的此時，全家人基本上還活得好好的沒有食物中毒，也沒被餓死。所以大家可以信賴史丹利老師的指導，尤其他也是個三小爸爸呢！光是帶著三個孩子還有辦法煮飯的父親就值得令人尊敬，更別說史丹利老師還很會親子共廚，根本是主廚界的金城武來著（我到底要封幾個金城武啊，金城武耳朵應該超癢的）。我覺得這本書唯一的缺點就是，就算是食物泥，也不會像噴（廚餘），所以無法在生老公氣的時候，晚餐給他吃嬰兒副食品當做懲罰就是了……把遙控器跟3C藏起來可能比較達得到效果。

附註：我的孩子目前都已經超過副食品的年紀了，可是看完史丹利老師設計的食譜，我也很想自己嘗試做做看，只是沒有吃的對象我只好叫太醫試毒。可惜就是別人的兒子很難教，他都不吃真討厭。

註 我看過文青團體「男子休日委員會」出的《左京都男子休日》後，常在網路自稱我是「左京都太太無休日」。

作・者・序

煮廚。史丹利

　　哈囉，各位讀者大家好，我是煮廚。史丹利李建軒。身為廚師與三個孩子的爸，我在孩子飲食方面最關心的就是「是否吃得營養健康、開心享受」。隨著家中第三個寶貝的報到，我再次進到日日準備副食品的生活。

　　對於孩子的成長，相信各位爸媽和我一樣，都很在乎家中寶貝吃的副食品是否能夠兼顧各成長階段所需營養成分。這次很高興能和「醫師。娘」兔子醫師合作，撰寫一本特別結合醫師與廚師的《雙師出任務——醫師✕廚師的4個月以上嬰幼兒健康副食品，寶寶超愛爸媽放心》。她從專業的角度出發，針對寶寶的咀嚼、吞嚥與各項發展能力，提供諸多身為爸媽都想知道的相關資訊。此外，她特別分析各項常見食材的營養成分，讓我設計食譜時得以請益與參考。在我們多次交流討論、反覆修改的過程中，我們都希望能夠寫出符合各位爸媽需求的自製副食品指南。

　　由於我家目前有正在吃副食品的孩子，因此書中所有食譜都是我在日常生活中，實際煮給家中孩子吃的副食品料理。我的副食品原則很簡單，就是「安心、健康、無添加、全食物」。我所設計的食譜皆不需加鹽調味，運用原食材的天然風味，結合煎、煮、炒的烹調原理帶出香氣。像是書中許多羹類料理，我完全不用太白粉勾芡，而是用新鮮的木耳、玉米、皇宮菜、自製米漿……來勾芡。

　　你知道嗎？副食品其實也能作為全家大小一起享用的美味三餐喔！許多人以為副食品就是專門給寶寶吃的食物罷了，但只要運用巧思，就能變出滿桌子好菜。像是我利用家中老三吃的南瓜泥變化出南瓜麵疙瘩、南瓜豆漿凍、南瓜花菜燉飯，我6歲與8歲的女兒

都吃得津津有味呢！因為嬰幼兒吃的副食品不會添加過多調味料，所以建議各位爸媽另外裝一份起來，只要加點調味料，大人也能一起吃。

　　許多爸媽常和我說：「史丹利老師，我光是帶孩子就夠忙了，還要自己做副食品，你的食譜會不會很難啊？」各位的心聲我都懂！平時設計副食品食譜時，我都會特別把許多步驟簡單化來教我老婆，做出來的料理既符合孩子該階段所需，且食物整體的風味連大人都會喜歡。像是我們書中教的洋蔥碎、蒜碎、胡蘿蔔碎，或是各種口味的高湯，不只副食品可添加，大人平常吃的料理也適用，且營養價值絕對足夠。

　　至於如何讓孩子胃口好，並在成長的過程中能夠吃得開心、吃得健康呢？哈哈！提供大家一些小撇步。我平常會試著做一些可愛造型的料理，或利用方便實用的模型，做出滿足視覺與味覺的餐點。說到這個，我老婆之前買了一堆可愛動物造型小叉子，我當初看到還說她浪費錢，買那麼小又不好用的東西，想不到把這些叉子叉在水果、蔬菜上，我女兒一口接一口，吃的意願大幅提高！

　　這本書得以完成，我要在此特別感謝瑞康屋KUHN RIKON、喜德堡SEEBERGER以及昆庭餐具給予的支持與協助。最後，感謝各位讀者們的閱讀，希望這本書能在你的副食品之路上，提供實用的建議與指引，伴家中寶貝健康成長，頭好壯壯！

CHEF

李建軒

Stanley

目・錄

Part 1 兒科醫師貼心解惑：寶寶副食品相關知識

Part 2 醫師。娘專業解說：寶寶副食品關鍵專題

Part 3 煮廚。史丹利不藏私：寶寶副食品輕鬆做

Part 4 **105道安心美味食譜**
讓寶寶頭好壯壯

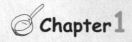

Chapter 3 ｜ 寶寶4～6個月健康吃

Chapter 4 ｜ 寶寶7～8個月健康吃

Chapter 5　寶寶9～11個月 健康吃

Chapter6 │ 寶寶1歲～1歲6個月 健康吃

Chapter7 │ 寶寶1歲7個月以上 健康吃

Part 1

兒科醫師貼心解惑：
寶寶副食品相關知識

\ 我來替大家解惑～ /

副食品四階段
食材顆粒圖像

日本醫師執照、日本小兒專科證書
臺北醫學大學附設醫院小兒科主治醫師 | 張璽

寶寶的副食品之路是循序漸進的，在四到六個月剛開始進入副食品初期時，是練習從「喝」到「吃」的過程，所有的嘗試都是新的體驗，所以寶寶會有不適應的反應是正常的。

在嘗試副食品時，如果寶寶吃一吃吐出來也不用太緊張，給他一點時間慢慢習慣，不需操之過急，畢竟每個寶寶的步調快慢都不同。

寶寶副食品四階段

在幫寶寶準備副食品的時候，要考量符合其月齡的食物。副食品進展，可依咀嚼能力與消化系統的發展分為四個階段。

隨著年齡的進展，食材的顆粒會由小到大，由液態到固體。
（請參考p.016 四階段食材顆粒圖像）

軟硬度參考　　　　**次數和時間參考**

第一階段
（初期）
四至六個月
→ 搗爛到呈
滑順狀態

1次
・上午10點

第二階段
（中期）
七至八個月
→ 可用舌頭壓碎
的硬度

2次
・上午10點
・下午6點

第三階段
（後期）
九至十一個月
→ 能以牙床壓碎
的硬度

3次
・上午10點
・下午2點
・下午6點

第四階段
（完成期）
一歲至
一歲六個月
→ 能以牙床
咬碎的硬度

3次＋點心
・上午7點半
・中午12點
・下午3點（點心）
・下午6點

四階段食材顆粒圖像

第一階段
（初期）
四至六個月

第二階段
（中期）
七至八個月

泥糊狀
（滑順濃稠的狀態）

碎粒狀
（顆粒約介於細絞肉到粗絞肉之間的肉粒）

切片狀
（厚度約1~2公分）

碎塊狀
（顆粒約1~2立方公分）

第四階段
（完成期）
一歲至
一歲六個月

第三階段
（後期）
九至
十一個月

 016

★第一階段（初期）：四至六個月

　　副食品初期時，由於寶寶還沒長牙，吃東西時會用吞嚥的方式。這個時期我們會從滑順泥糊狀的食物開始嘗試，例如米糊、粥、蔬菜泥等等。

★第二階段（中期）：七至八個月

　　副食品中期時，寶寶吃東西會用上顎壓碎食材，爸爸媽媽要準備軟硬適中的小碎粒食品。

★第三階段（後期）：九至十一個月

　　副食品後期時，寶寶會用牙齦將食物咬碎，屬於輕咀嚼咬期，這個時期會準備小丁狀的食材。

★第四階段（完成期）：一歲至一歲六個月

　　進入副食品完成期，寶寶開始長出門牙，此時期的咀嚼能力能用門牙咬斷食物，食材顆粒可以調整為適合咀嚼練習的大小。由於寶寶臼齒還沒長出，因此還無法將食物磨碎，爸爸媽媽要注意避免給寶寶吃太硬的食物。

我來替大家解惑～

2/ 淺談**副食品**與**食物過敏**

日本醫師執照、日本小兒專科證書
臺北醫學大學附設醫院小兒科主治醫師 | 張璽

　　寶寶開始嘗試副食品後，許多爸媽最擔心的就是寶寶食物過敏的問題。過去常有人因為怕給孩子吃副食品後，會誘發一些過敏狀況，便避開容易過敏的食物或是延後給予，但現在我們提倡讓孩子每一種食物都試試看，不需要延遲，只要掌握**「少量開始、一次一種」**的原則給予即可。如果發現孩子有食物過敏的現象，可以帶去醫院諮詢醫師，藉由抽血測驗找出過敏原。

低過敏性VS高過敏性食物

　　對於容易導致過敏的食物，各國都有相關規定要求食品包裝必須標註過敏原。在台灣，我們的衛生福利部食品藥物管理署有「食品過敏原標示規定」，只要市售食品含有以下六項成分，都要顯著標示含有致過敏性內容物名稱之醒語資訊。六項過敏原如下：

❶ 蝦及其製品
❷ 蟹及其製品
❸ 芒果及其製品
❹ 花生及其製品

❺ 牛奶及其製品（由牛奶取得之乳糖醇（lactitol），不在此限）
❻ 蛋及其製品

日本的厚生勞動省（相當於台灣的衛福部）也有「食品標示法」，若添加香料、色素等等，或是以下五種過敏原成分，皆須清楚標註，五項強制標註過敏原如下：

❶ 蛋
❷ 乳製品（奶或乳製品）
❸ 小麥
❹ 蕎麥
❺ 堅果類

我們和日本的標示要求基本上大同小異，日本因為比較多蕎麥製食物，所以特別強調此項過敏原。一般來說，西方人比較容易對花生過敏，嚴重時甚至會發生休克。

在孩子四到六個月大開始添加副食品，這個時期是孩子開始嘗試新食物的階段，**爸媽並不需要特別避免或是延後讓寶寶接觸所謂「高過敏性」的食物**。至於哪些屬於低過敏性的食物呢？像是蔬菜、蘋果都屬於低過敏性的食物，不過也有一些人容易對芋頭、地瓜過敏。

總而言之，寶寶進入副食品階段後，爸媽應該各種食物都讓他嚐，每次少量給予。若想判斷孩子是否會對某種食物過敏，平常在準備副食品時，可以做個記錄，將當次食材詳細寫下來，孩子多試幾次後，若只有發生一次過敏，之後嘗試皆無出現過敏反應，那麼過敏狀況就可以排除。

食物過敏的症狀

　　食物過敏最常見的症狀是起疹子，像是蕁麻疹、濕疹，或是眼睛有出血的狀況。另外，可能也會有血管擴張、嘔吐、拉肚子等症狀。最危險的症狀是上呼吸道氣管浮腫，像有些對花生過敏的人吃了花生後，會導致氣管黏膜浮腫，造成呼吸困難、心跳加快、意識混濁，甚至昏倒。發生這種情況時已經非常危險，必須馬上叫救護車，不能實施哈姆立克法，因為哈姆立克法是用於異物哽塞，例如吃果凍噎住（切記給寶寶吃果凍時一定要剁碎）。若因花生過敏導致氣管黏膜浮腫，通常當下情況非常危急，須立即送醫注射腎上腺素急救。

 寶寶接觸副食品卻開始起紅疹就是食物過敏嗎？

　　寶寶起紅疹我們不排除是食物過敏，但也有可能是其他因素，需考量寶寶當時的身體狀況。起疹子除了過敏因素，也可能和食物的狀況有關，例如食物不新鮮，又或者寶寶當下有輕微感冒，抵抗力較差。另外，當寶寶嘗試某項食物產生過敏現象，不代表之後吃同樣食物也會引起過敏。如果只是單純起紅疹的話，爸媽不需太擔心，**待疹子症狀穩定以後，可以再給寶寶少量嘗試一次同樣的食物。**

我來替大家解惑～

3/ 爸媽們最想知道的
副食品Q&A

日本醫師執照、日本小兒專科證書
臺北醫學大學附設醫院小兒科主治醫師 │ 張璽

 Q1 如果寶寶不愛吃副食品，我是不是可以晚一點再開始餵副食品，照樣先餵奶就好了？

基本上，人的營養不可能完全單純從配方奶來攝取，開始吃副食品的年齡建議四到六個月，不宜過晚。**副食品的功能除了提供營養之外，「咀嚼」與「吞嚥」是這個時期要建立的兩個動作。**另外，副食品對於寶寶味覺的形成也有影響。孩子不想吃或不喜歡，有可能是因為還不適應，建議爸媽可以多嘗試不同的食材或做法。

Q2 一開始吃副食品的時候，有些寶寶接受度比較高，有些比較低，甚至有些寶寶可能會吃得很慢又吐出來，這些現象都是正常的嗎？

這些都是正常的。我們都知道副食品的口感和我們大人吃的食物比較不一樣，副食品通常都是稠稠糊糊的液態食物，例如米糊、粥、蔬菜泥等等，寶寶剛開始吃的時候，可能不知道這個是可以吃的食物，因為在味覺上和口感上都和喝奶不同。

副食品時期就是訓練寶寶接觸各種味道的重要階段，我們藉由**不同的口感與味道，來建立他後續的飲食習慣，讓他嘗試多樣化的食物，攝取均衡的營養，以避免日後偏食。**所以寶寶一開始不習慣很正常，因為他沒有吃過這樣的東西，可能要花上三到四個禮拜才能慢慢接受，爸媽一開始不需要太氣餒，也不需要過於擔心孩子不接受，這些都是正常的現象。

如果餵寶寶吃稀飯時想要增加一點營養，我可以加一些小魚或是排骨嗎？

如果是要給予鈣質的話，把小魚煮熟加入是可以的。不過我建議不論是排骨或是魚，都不需要每餐給寶寶吃。**孩子這個時期各種食物都應該要嘗試，不要因為覺得某個食物對寶寶很好，就大量補充。**我常跟爸媽們說餵副食品就像投資一樣，你不會只買股票，你可能還有房地產或是國外股票等選擇，這就如同魚是很好的食材，但不需要每餐都吃，盡量讓寶寶各種食材都嘗試，營養的攝取也會比較均衡。

寶寶吃飯的時候喜歡用手把食物抓得到處都是，這是正常的嗎？我該糾正寶寶嗎？

其實這是正常的，因為寶寶一開始接觸副食品的時候，不知道那是可以吃的東西，所以會拿起來玩。寶寶玩食物或是把食物

丟在地上，這些都是一種正常的探索本能。不過孩子如果過了一段時間後，還是把食物弄得到處都是的話，爸媽還是要適度制止一下，不要讓自己太辛苦。

Q5　寶寶的體重需要控制嗎？如果我家的寶寶副食品的食量很大，可以再幫他多加一點飯嗎？會不會有體重過重的問題呢？

當然可以加量。一般來說，我們不太會特別限制孩子的飲食量，吃飯其實應該是一件很享受的事情，除非體重過重到非常誇張，需要小兒科醫師的飲食監控，不然一般不會限制。如果要控制飲食的量，我會建議限制含糖量過多的食物，例如點心、含糖飲料。若孩子真的有需要做體重控制的話，日常飲食要配合營養師的規劃來控制每餐的熱量。

基本上，寶寶體重長得好，身體和頭部發育沒有問題，發展的部分也沒問題的話，只要體重有在生長曲線上都不需擔心。比起長胖，我們最忌諱的是「體重下降」，通常體重一直往下掉都是因為生病，或是很低機率會產生的過敏，所以需要特別小心。另外，短時間的體重下降大部分都是因為腸胃炎造成的，通常寶寶拉肚子一、兩個禮拜，體重大約會下降一公斤，之後就會慢慢回復正常。

我家孩子愛挑食，請問有哪些改善方法？

  對於愛吃肉，討厭吃菜的孩子

如果孩子喜歡吃肉的話，可以把菜弄得碎碎的，夾在肉裡面，這是最常見的作法。孩子挑食有時候可能是食物形狀或是口感的問題，所以爸媽可以試著變換口感或味道，用其它食材的味道壓過去，例如孩子不喜歡吃蔬菜，就可以試著做漢堡肉或是肉丸子。日本媽媽最常做的是咖哩，因為咖哩味道很重，會把食材的味道壓過去，而且不論什麼食材加進咖哩都很適合。如果孩子喜歡吃甜甜的味道，也可以在咖哩中加一點蘋果。一般人對咖哩接受度都還蠻高的，很少人不喜歡吃咖哩。

 對於愛吃菜，討厭吃肉的孩子

如果孩子不喜歡吃肉，比較喜歡吃菜，可以把青菜煮成湯的時候加一點碎肉。比較辛苦一點的方法是在食物上做造型，例如把紅蘿蔔壓成愛心形狀，不過做這些造型建議還是以自己有多餘時間和心力為前提，不要因此給自己太大的壓力。

和大家一起吃飯

除了在料理上加一點小巧思，還有另
一種方式，就是營造出大家都很享受
吃飯的氣氛，當全部人都在吃的時
候，他可能也會跟著吃。通常爸媽吃
給孩子看比較沒有效果，如果是和同
儕在一起，大家都在乖乖吃飯的話，
孩子也會覺得自己要和大家一樣。

 ### 讓孩子自己動手料理

如果孩子的年齡大一點，還有一個改善挑食的方式，就是讓孩子參與
簡單的做菜。一般來說，就算自己做的菜不好吃，大部分孩子還是會
吃完，且藉由參與做菜的過程，一方面可以讓他產生成就感，另一方
面也可以讓他知道「煮飯很辛苦，種菜給我們吃的農夫也很辛苦」。

Q.1 如何建立寶寶自主用餐的習慣？

➡ 讓寶寶有屬於自己的吃飯位置，並創造一個可以專心吃飯的環
境，當他吃飯時應該要關掉電視，玩具也要收起來。讓孩子知道
吃飯時一定要坐在自己位置上吃是很重要的。如果他有時撒嬌想
要大人餵，偶爾可以餵他沒關係，但盡量鼓勵他自己吃。不過在
初期階段時，我們需要給孩子一段時間慢慢建立這些觀念。

如果孩子吃了點心之後，就吃不下正餐怎麼辦？

 點心一般是在下午兩、三點左右給孩子吃，除了熱量要控制，給的量也要有所限制，最簡單的方法就是不要把整包拿出來，一次只給一部分，避免過量，因為點心畢竟不是正餐。

 吃剩的副食品可以放回冰箱，留到下次再給孩子吃嗎？

 不太建議，因為這樣會有細菌。如果只是吃到下午一點沒有吃完，放在冰箱到二點再給他吃還可以，但隔餐就不建議了。每一次準備的食物量最好還是當次就食用完畢，我們常看到有時候媽媽煮得很辛苦寶寶又吃不完，就變成爸爸自己吃掉（我們家就是如此啊！）。

Q.10 媽媽試過味道的湯匙，可以直接用來餵寶寶嗎？

 理論上，最好讓寶寶有專屬的餐具。我們常看到有些長輩或爸媽可能會自己咬一咬再吐出來餵，這樣比較不好，一方面是不衛生，一方面會增加傳染病的風險，因此不建議大人將食物咬過吐出來再餵寶寶。孩子開始吃副食品的時候，讓他使用自己的餐具，也可以順便讓他練習抓取的能力。

Q.11　孩子如果喜歡張嘴等待餵食，不喜歡自己吃，我該怎麼做？

最好的方式就是多鼓勵他。一般來說，一歲多的孩子都會有想要自己吃的自我主張。有時候爸媽可以利用孩子的偶像引導他，例如和孩子說：「你看巧虎都會自己吃飯耶。」孩子剛開始學習自己吃時，爸媽也可以鼓勵他說「你好棒」，或是幫他拍拍手，讓他覺得受到肯定。

Q.12　寶寶為什麼會便祕呢？

開始吃副食品以後，便便的質地和形狀會較只喝奶的時候來的成型。很多寶寶人生第一次的便祕就是發生在這個時期。通常會發生便祕的情況，除了先天腸胃問題以外，大抵來說不外乎是飲食內容不恰當以及沒有良好的排便習慣所致。

四～六個月大以上的寶寶，理應開始進入副食品時期，如果這個時間點順利開始吃副食品，有攝取到碳水化合物和纖維質，反而對於預防便祕是有幫助的。

有些家長會將米精粉、麥粉等加入配方奶中沖泡給寶寶喝，其實這樣並不恰當。因為副食品階段的重要功能之一就是吞嚥與

咀嚼的發展。添加在奶中瓶餵這樣的做法因為寶寶還是只以吸吮的方式進食，無利於口腔肌肉的吞嚥發展。另外，米精、麥粉相較起來是屬於精緻食物，主要的營養也只有碳水化合物而已。

為避免寶寶便祕和兼顧營養，最好同時給予寶寶使用新鮮蔬菜水果製成的副食品。副食品時期的水分攝取不足常是寶寶便祕的其中一項原因，而健康飲食習慣的建立也是副食品時期的重要課表之一。

除了在寶寶飲水方面窮盡巧思引起他們喝水的興趣外（例如視寶寶喜好擠一點檸檬汁添加風味等，但切記蜂蜜是禁止使用的！），副食品本身的含水量也是可以增加寶寶攝取水分的手段。比如說製作成果凍質地、羹湯等等就可以讓寶寶在進食的時候不知不覺喝到許多水分。若爸爸媽媽想以果汁來補充水分，則要特別注意糖分的含量。

食材的選用上，可以選擇促進排便的食材，例如地瓜、木瓜等等。不過像是蘋果、水梨這一類，雖然也富含纖維質，但是它們本身屬於細纖維水果，且蘋果有豐富的鐵質，這些特性都會讓寶寶容易便祕。因為細纖維質容易吸附東西，類似輕度止瀉藥的原理，反而會讓便便更為成型、變大。而鐵質本來就容易導致便祕，像長期貧血補充鐵劑的病患常常會有便祕的副作用一樣，因此蘋果和水梨這類細纖維或含豐富鐵質的水果在寶寶便祕時較不適合吃。

特別收錄！

如何刺激寶寶排便

1.按摩

順時鐘方向用手掌輕柔地按摩，搭配嬰兒油或是脹氣膏、薄荷精油使用（注意：蠶豆症的寶寶不可以使用此類揮發性外用品），藉此促進腸胃蠕動。按摩的時機建議是洗澡前，寶寶心情平和的清醒時段。剛吃飽或是哭鬧不休的時候不要按摩，前者容易造成溢奶，後者因哭鬧時腹部用力，按摩也沒有效果。

2.便便操

跟嬰兒玩耍的時候，抓著他的雙腿一上一下模擬走路姿勢的方式運動他的雙腿，也可以達到促進腸胃蠕動的效果。若能同時跟寶寶說話或是唱歌更好。

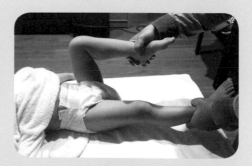

3.刺激肛門

洗澡前用棉花棒刺激肛門皺摺處，或是棉花棒沾一些潤滑（如橄欖油等）插入肛門約0.5～1公分深，輕輕地順時鐘繞圈。

摘自資料夾文化《健康寶寶專業養成必備手冊：小兒科張璽醫師╳醫師。娘實戰育兒65招！》

Part 2

醫師。娘專業解說：
寶寶副食品關鍵專題

醫師。娘的
副食品專欄

現任家醫科醫師 ｜ **醫師。娘**

聽我的就對了～

　　隨著寶寶成長的需要，只吃母奶或配方奶是不夠的，因此我們會開始添加副食品。副食品的日文叫離乳食，英文是baby food。副食品的「副」字，表示不是一般大人吃的正餐，是一個過渡的概念。寶寶以母乳或配方奶為主食，直到和大人吃一樣的食物，這段過渡期間大約從四個月到一歲半左右。

副食品四個月大即可開始

　　兒科醫學會的建議是四到六個月大的寶寶可以開始給予副食品，但每一個寶寶的添加副食品時程進度都不太一樣。以往認為副食品是五到六個月開始添加，但根據一些新的證據顯示，早一點讓寶寶接觸各種食物，能降低他們發生過敏的風險，例如異性皮膚炎、氣喘、過敏性鼻炎等等。**所以現在更推行四個月開始給予副食品，最慢一歲以前一定要開始。**

推行四個月開始給予副食品的原因：

❶ 因為當寶寶到比較大的月齡時，母乳所含的營養素已不足以負

擔他成長所需之營養，特別是鐵，若完全只靠母乳到一歲以上，孩子容易缺鐵。

② 根據寶寶的月齡、牙齒長成，以及咀嚼能力，可粗略分為四個階段：

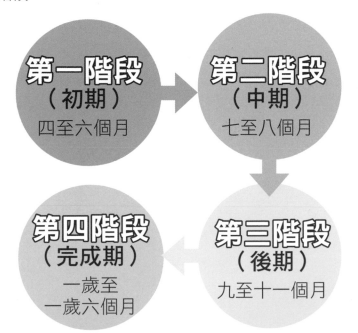

第一階段
（初期）
四至六個月

第二階段
（中期）
七至八個月

第四階段
（完成期）
一歲至
一歲六個月

第三階段
（後期）
九至十一個月

在這四個階段中，食物顆粒大小、餐具選用、餵食的擺位都會根據不同的階段而變化。在此要特別強調，上述分為四個階段是為了方便敘述而簡單地分類，但實際執行時，階段劃分沒有絕對的精確時間點，並不是寶寶今天過了23:59分滿七個月就要馬上換成第二階段。**副食品的所有階段都是循序漸進的**，一開始第一階段會準備毫無顆粒的濃稠濃湯狀，到了七個月左右可以吃微小顆粒的食品。若某一天孩子腸胃炎、食慾不振，就可能需要退到前一期的副食品狀態，這都是正常的現象，不需要因為覺得孩子落後進度，就著急要求一定要趕上。

副食品的給予原則

開始嘗試副食品的初期，建議一次一種食材，試三到五天後，沒什麼異狀，再換新的食材。另外，副食品若只有單一食材也很無趣，爸媽可以嘗試結合不同的新食材，像是米糊過篩後加入新的食材，如果寶寶有什麼狀況，就可以知道是新食材的問題，因為舊食材（米糊）之前測試過是沒問題的，所以可利用額外添加新食材的方式來測試，但一樣保持一次添加一種新的食材，方便抓出此種食材是否會讓寶寶造成過敏反應。

我常建議爸媽們「**不要因為單一次過敏，就不再讓孩子接觸該食材**」。因為寶寶的免疫系統是會變化的，所以有可能前期對某種食材過敏，等到較成熟之後又不會。以往高致敏性又常見的食材例如蛋白，如果只因一次對蛋白過敏而一輩子都不吃，這樣會讓他錯過這項食物，導致飲食的選擇受限。

若是出現過敏狀況，爸媽可以先保留那樣食材，隔一段時間之後再嘗試。大原則一樣是「一次增加一項新食材到原來舊有沒問題的食材」，嘗試三天左右，說不定孩子的腸道發育或是免疫系統更成熟，就不會過敏。副食品之路不是絕對的單行道，中間可能會倒退、繞路或是繞一大圈回來再重新走。

喝奶與吃副食品的比例

吃副食品之後還是要喝奶，只是比例上會調整。舉例來說，寶寶

一般一整天喝600c.c.～1000c.c.都是正常的，但是因為他們的熱量需求隨成長力提高，開始吃副食品之後，雖然奶的熱量比重降低，但奶量不見得要減少，因為整體需要的熱量是上升的。

到完成期的時候，一天的奶量大約是500c.c.左右，這時要檢視一整天給他吃的東西。有些媽媽可能會很緊張營養不足的問題，通常後期已經可以做到餐盤放有各種食物，不太會有營養不均衡的情況。基本上，只要澱粉、蛋白質跟其他營養有均衡分布在寶寶的副食品時間內，就不需太擔心。

【各階段喝奶與副食品的比例】

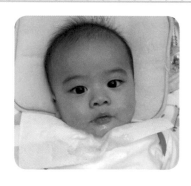

初期：四至六個月

這個時期是寶寶從喝奶到接受副食品的初期階段，食物要準備容易吞嚥的滑順泥糊狀，讓寶寶小口小口地吃。

	母乳、配方奶	副食品
前半	90%	10%
後半	80%	20%

中期：七至八個月

寶寶食量開始漸漸增加，副食品比重也相對增加。食物要準備能用上顎壓碎、軟硬適中的小碎粒。

母乳、配方奶　　　　　　副食品

前半　70%　　30%

↓

後半　60%　　40%

後期：九至十一個月

營養攝取大多由母乳、配方奶轉到副食品，鐵質的攝取相當重要喔！

母乳、配方奶　　　　　　副食品

前半　35%~40%　　60%~65%

↓

後半　30%　　70%

完成期：一歲至一歲六個月

副食品為主要營養來源，此時寶寶咀嚼能力已經能用門牙咬斷，食物可以調整為適合牙齦咀嚼練習的硬度和大小。

	母乳、配方奶	副食品
前半	25%	75%
↓ 後半	20%	80%

　　因為寶寶初期每天可能只吃一到兩餐，也許早上只吃水果，所以蛋白質還是要靠奶補充。副食品和奶的給予基本上以三天為一個循環，只要這三天都有均衡攝取到即可。

　　副食品除了三餐之外，中間還有兩次點心，點心可以給寶寶手指食物（Finger Food）。手指食物可以自己做，也可以直接買市售的。在本書中，我們有教爸媽們做簡單的手指食物，你可以根據食材做出不同形狀，或是依月齡設計不同大小。米餅或吐司棒都是常見的手指食物，只要把食材變化一下，就可以做出蔬菜口味、海鮮口味、蘋果口味……，做法都很簡單，既可以當點心，又很方便保存。

副食品的5大功能

功能❶：補充寶寶成長必需的營養

隨著成長的發展，寶寶消化、吸收的能力也會跟著提高，這時候母乳跟配方奶的營養素已不足以負擔他成長所需之營養，所以從四個月後就要開始嘗試吃副食品，以攝取應有的營養。

功能❷：咀嚼及吞嚥的培養&訓練

副食品很重要的功用之一，就是訓練咀嚼和吞嚥。咀嚼與吞嚥涉及許多器官的運作與協調，是一個相當精細的動作。寶寶在這段期間的咀嚼發展，不會因為離乳期結束而結束，它是一個「開始」。所以餵食副食品時，我們會特別強調選擇合用的湯匙，並注意食物的質地、食材的大小等細節。

四到六個月期間的寶寶只能吞嚥，還不會用牙齦咬合，此時若給他塊狀食材，就超出他的能力。爸媽準備副食品時，一定要配合寶寶肌肉的發展去訓練咀嚼。

最近一項實驗成果指出：咀嚼可以刺激腦部，讓腦部發展較好，還能對老年人失智的風險降低。過去已經有諸多統計的結果揭示了腦力與記憶力可以靠鍛鍊來延緩衰退的速度，甚至可以透過刺激來活化腦力。所以咀嚼訓練要從小開始，爸媽們除了在意副食品的營養是否均衡之外，給予孩子適當的咀嚼刺激也是很重要的！

Part
2

醫
師
。
娘
專
業
解
說
：
寶
寶
副
食
品
關
鍵
專
題

關於寶寶咀嚼能力的發展

寶寶在嘗試副食品初期完全沒有把食物壓扁的能力，所以一開始會給他糊泥狀、湯狀的食物。接下來，孩子慢慢會有可以用舌頭頂住上顎把食物壓扁的能力，再進一步才是用牙齦。一歲之後寶寶開始長牙，則稍微有一點點可以把食物咬斷的能力，但是這個時候還沒辦法把食物磨碎，因此不能給他太硬的食物。孩子臼齒長出來的年紀大約是兩歲以後，所以兩歲以前的孩子沒有把食物磨碎的能力。

另外，**有些食物並不是剪小塊就能餵孩子，還要考慮到硬度**，像筍子即便剪成顆粒狀，寶寶還是咬不碎，因為筍子的硬度沒辦法用牙齦，頂多門齒稍微咬斷，若餵給寶寶，他會整顆吞下去反而容易有噎到的情況發生。

【寶寶舌頭的動作及吃法】

舌頭前後運動

第一階段（初期）四至六個月

此時嘴巴四周的肌肉還不發達，舌頭只能做出前後移動的動作（下顎會隨著舌頭的前後運動一起動作），寶寶會將放入口中的東西從前面一點一點移到裡面嚥下。

舌頭的上下運動

第二階段（中期）七至八個月

舌頭可以上下、前後移動。進食時，會將食物頂住上顎壓碎。寶寶會以嘴巴前端攝入食物，並以舌頭及上顎將其搗碎。

舌頭的左右運動

第三階段（後期）九至十一個月

舌頭除了可以上下、前後移動外，開始會左右移動了。此時寶寶會將無法以舌頭及上顎壓碎的東西移至牙床咬碎。

長出門牙

第四階段（完成期）一歲至一歲六個月

嘴巴附近的肌肉更發達，門牙也長出來了，但因為臼齒還沒長出，要注意避免給寶寶吃太硬的食物。

医師・娘専業解說：寶寶副食品關鍵專題

【觀察餵食時寶寶的嘴唇】

五至六個月

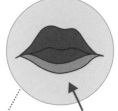

閉起嘴唇進食。

特徵：

1 上唇的形狀不變，下唇內縮。

2 嘴角不太動。

3 閉起嘴唇吞入。

七至八個月

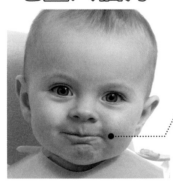

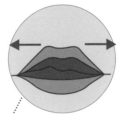

左右同時伸縮。

特徵：

1 上下唇確實閉起，看起來變薄。

2 左右嘴同時伸縮。

九至十一個月

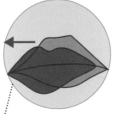

閉起嘴唇進食。

特徵：

1 上下唇同時協調地進行扭動動作。

2 咀嚼那邊的嘴角縮起。（輪流偏一邊伸縮）

資料來源：《攝食吞嚥障礙學》藤田郁代◎監修；熊倉勇美、椎明英貴◎編著／合記圖書出版社

關於寶寶吞嚥能力的發展

　　嬰兒與大人的吞嚥方式不同，發展吞嚥能力時，有固定的順序階段。有些小寶寶可能會有進食或吞嚥的困難，爸媽可以透過一些特徵來觀察（見右方表格）。當寶寶抗拒進食時，有可能是因為「對於觸覺過度敏感」，這樣的孩子通常會對於放入口中的湯匙、牙刷非常敏感而產生抗拒。

【攝食吞嚥能力的發展八階段】

1.	經口攝取準備期	覓乳反射、吸吮手指、舔吮玩具、吐舌（安靜時）等。
2.	吞嚥能力獲得期	下唇內收、舌尖固定（閉口時）、蠕動舌頭運送食糰（以姿勢輔助）等。
3.	補食能力獲得期	以隨意運動方式開闔上下顎、嘴唇、以上唇捕食（用磨擦方式取得）等。
4.	壓碎能力獲得期	嘴角水平運動（左右對稱）、扁平的嘴唇（上下唇）、以舌尖擠壓上顎皺摺等。
5.	磨碎能力獲得期	頰部和嘴唇的協調運動、抽拉嘴角（左右不對稱）、上下顎的偏移等。
6.	自主進食準備期	咬東西玩、抓東西玩等。
7.	抓食能力獲得期	轉動頸部的動作消失、以前齒咬斷、從嘴唇中央捕食等。
8.	（使用餐具）攝食能力獲得期　❶ 使用湯匙　❷ 使用叉子　❸ 使用筷子	轉動頸部的動作消失、將餐具放入嘴唇中央、以嘴唇捕食、左右手的動作協調等。

資料來源：《攝食吞嚥障礙學》藤田郁代◎監修；熊倉勇美、椎明英貴◎編著／合記圖書出版社

【各時期的動作特徵及功能不全的症狀與異常動作】

時期	動作特徵	功能不全的症狀與異常動作
1. 經口攝取準備期	覓乳反射；吸吮手指；舔玩具；吐舌等。	拒食；觸覺過敏；拒絕進食；原始反射的殘留等。
2. 吞嚥能力獲得期	下唇內翻；舌尖固定；以蠕動舌頭的方式運送食糰等。	噎嗆；張口吞嚥；食糰形成不完全；流口水等。
3. 補食能力獲得期	顎、嘴唇的自主關閉；以上唇捕食（磨取）等。	漏出食物（從嘴唇漏出）；過度張嘴；吐舌；咬湯匙等。
4. 壓碎能力獲得期	嘴角的水平移動（左右對稱）；舌尖往上顎皺摺處擠壓等。	吞食（軟的食品）；吐舌；食糰形成不完全（和唾液混合不完全）等。
5. 磨碎能力獲得期	拉動嘴角（左右不對稱）；頰和嘴唇的協調動作；顎的偏移動作等。	吞食（硬的食品）；食物從嘴角漏出；處理食物時嘴唇關閉不完全等。

註：在各個時期中，會有重複的問題出現。

資料來源：《小児の摂食.嚥下リハビリテーション》田角勝、向井美惠◎編／医歯薬出版，2006，p.76。

吞嚥和進食、牙齒的咀嚼、舌頭的攪拌息息相關，只要任何一個細節出問題，就有可能造成吞嚥障礙。如果懷疑寶寶的吞嚥有問題，可以諮詢小兒科醫師，並轉介給語言治療師做吞嚥評估，確認寶寶的吞嚥問題屬於疾病因素、口腔感覺因素，還是只因為單純的不習慣，又或是爸媽的餵食技巧所致。若孩子只是剛接觸副食品還不習慣，爸媽可以透過改變食物的質地、溫度，以改善吞嚥問題。

功能❸：建立生活節律

　　副食品的功用是要讓孩子進展成和大人一樣一日三餐的規律時間，頂多加上早上十點和下午三點的點心。為了養成三餐的規律，爸媽要在固定時間餵食副食品。

　　初期四至六個月階段，寶寶主要還是喝奶，副食品一天一次。接近六、七個月大時，慢慢增加到一天兩次。另外要提一個餵副食品的重點，就是「**先餵副食品再喝奶**」，因為喝奶喝飽後就會不想吃。餵副食品和喝奶時間不要錯開太長，不然他的節律會亂掉。一天一餐的副食品大部分建議擺在早上，主要是因為寶寶吃副食品有狀況的話，發作時至少是白天，要帶去醫院也比較方便。

　　到了七至九個月以後，寶寶在嬰兒椅上吃東西，會容易吃一吃不專心，開始玩食物，或是想爬出椅子。遇到這種情況有兩個重點要注意：

❶ **不可強迫餵食**：先用循循善誘的方式引導寶寶繼續吃，當你覺得他

已經無心吃了，可以把餐點收走，等到下一餐的時間到了再餵食。千萬不要壓著寶寶吃完，更不可跟他說「沒吃完不准下來」，不要讓他覺得吃飯是件很痛苦的事，否則會造成惡性循環，當他下次看到餐椅就會覺得惡夢來了，越來越排斥吃東西。

❷ **建立吃飯儀式**：就像建立睡眠儀式一樣，我們可以在固定的時間放上固定熟悉的餐椅，把玩具收起來，用簡單的動作讓寶寶知道接下來是吃飯的時間。要在此提醒各位爸媽，孩子專注的時間很短，容易不專心是正常的現象，要有耐心。

功能❹：發展手眼協調與手部肌肉發展

寶寶大約七、八個月大時，手指慢慢發展出抓取的能力，媽媽就可以幫他準備能夠抓著吃的手指食物（Finger Food），有助於手部發展精細動作。當他嘗試把食物拿起來塞進自己的嘴巴時，也會訓練到手眼協調的能力。不過一開始他們可能會對不準，再加上手也無法做到很精準的動作，所以把食物弄得亂七八糟是沒有關係的，爸媽只要等他全部吃完再一起收拾即可。

功能❺：為了成人飲食做準備

從開始副食品到最後副食品完成階段，也就是四個月大到一歲半，前後大約一年的時間，通常寶寶到最後完成期時，就可以和爸媽一樣一日三餐了。

寶寶一歲多時，可以稍微使用方便握的湯匙，但學習握筷對副食品階段年齡的孩子來說還太早，大約三歲前後再開始練習拿筷子就好，不要急著太早給他們用，以免揠苗助長。

寶寶的湯匙有分不同大小，只要按照月齡選擇適合的尺寸即可。在此要和各位爸媽分享一個我的個人經驗談，就是「不需太早急著先買餐具」。像是我家的老大，因為他是左撇子，所以我事先買好的可愛湯匙全都派不上用場。

 ## 餵食原則：只能坐在餐椅吃

爸媽在餵食的過程中，千萬不可以追著小孩跑。如果孩子吃飯時跑來跑去，就口頭威脅，請他回到椅子坐好。四個月大到一歲半前的寶寶基本上都會被困在餐椅中，如果寶寶吃飯過程中一直站起來，就要不斷把他拉下來。當寶寶肚子餓還想再吃時，你餵了他還是會再吃一些。如果他真的吃飽了，那拉下來再餵他，他也不要吃，這時候就把餐收起來沒關係。

大人如果常在邊吃邊跑的孩子後面追著餵，等他習慣這個模式之後，就更不會像我們大人進餐一樣坐在桌子前吃。另外，**一邊跑一邊吞嚥很容易嗆到，非常危險！**爸媽千萬要秉持「吃飯就是要坐在椅子上」的原則，讓寶寶養成習慣。

運用擺盤與配色，讓孩子享受食物

吃飯應該是一件很開心的事情，爸媽可以運用一些小巧思，除了注重食物本身的美味之外，擺得很漂亮也會促進小孩的食慾。擺盤的顏色建議一餐裡要有紅色、黃色和綠色，因為這三種顏色最容易引起食慾，視覺上也相對繽紛，還能幫助孩子美學的培養。

寶寶一歲以上的時候，爸媽可以準備可愛的餐盤，在最大格的地方放飯、麵條等碳水化合物的來源，配菜的格子可以放蛋白質、纖維、維他命等來源的配菜，弄成像小小的定食，這麼做可以讓爸媽更清楚給予寶寶的營養有無均衡之外，還能促進食慾。（可參考本書P.180的蔬菜番茄燉牛肋）

 ## 製作副食品要確保衛生

在製作副食品的過程中應該確保衛生，因為一歲以前的寶寶免疫系統沒那麼成熟。所以要避免所有生食以及沒有完全煮熟的食物，包括生菜沙拉，就算一片一片洗乾淨，還是無法確定百分之百衛生，所以一定要避免。另外，處理食物的鍋碗瓢盆也要確保乾淨，因為一歲以下的寶寶對於被污染食器上的病原體抵抗力不強。

關於副食品的調味料

幾歲開始可以添加調味料呢？其實一歲以前完全不加任何調味料也不是不行，在一歲左右就可以開始少量或是簡單的調味，**添加的份量大約少於大人的2至3倍**。過量調味料對寶寶有以下幾個影響：

1️⃣ **身體無法代謝**：像是做飯時最常加的鹽巴，若是用和大人一樣的量調味，寶寶的腎臟無法代謝那麼多鹽，更何況有些調味料會添加味素和化學調味料，對寶寶都是一大負擔。

2️⃣ **對味覺的影響**：孩子的味覺比大人靈敏許多，若從小習慣吃重鹹的，長大後較無法接受口味清淡的食物。幼兒大約一至三歲時，是味蕾的高峰期，他們的味覺會非常敏銳，且害怕刺激性食物，像是太辣的食物，因此若用大人的味覺程度去調味，對他們來說都太重了。

小朋友對味覺的喜好是有本能的，他們喜歡的是自然界中比較天然營養、沒有腐壞、沒有毒的食物，這種食物大部分是甜味、鹹味跟鮮味。他們不喜歡的是酸味和苦味，所以爸媽在調味時，可以依據他們的本能喜好來調整。

口味吃得較重跟肥胖是有關係的，因為許多高熱量的食物都屬於重口味。整體來看，孩子健康良好的飲食習慣要從小打理好，因此調味料的給予添加不宜過多。若有時無法專門為小朋友做副食品，必須要和大人餐點一起做時，可以先把孩子要吃的份量裝起來，再調味大

人要吃的部分。若是買外食或現成食物，可以先過水讓味道變淡，再給孩子吃。另外，醃漬品最好不要給小朋友吃，因為醃漬品的調味料過多，容易對孩子的身體造成負擔。

注意！這些東西不可以給寶寶吃

副食品的給予原則就是「不可以讓寶寶吃生食」，例如生魚片或是生菜沙拉都會有清潔、寄生蟲的問題。許多人常常忘記蜂蜜是生的，且蜂蜜裡有肉毒桿菌，它的神經毒素會讓人肌肉僵直收縮，若孩子吃了之後，可能會沒辦法呼吸而致死，非常危險，所以**有蜂蜜的東西在一歲以前一定要嚴格禁止。**

給寶寶吃這些食物要小心

有些食物的形狀或質地給寶寶吃比較危險，例如麻糬、一口大小的果凍……，寶寶很容易沒有咬就直接吞嚥，造成卡在喉嚨的意外，所以要特別小心。另外，葡萄的大小正好容易一口吞下，且吃起來柔軟而光滑，寶寶很可能會直接吸進嘴裡吞嚥，導致氣管堵住。不過果凍或是葡萄其實也不是不能吃，只是記得要剁碎或弄得更小塊，才可以給寶寶吃喔！

Part 3

煮廚。史丹利不藏私：
寶寶副食品輕鬆做

保存訣竅篇

煮廚。史丹利（Stanley）｜李建軒

讓三個孩子的
奶爸煮廚來教妳！

　　利用保存工具冷藏或冷凍副食品，當日常忙錄時，隨時都能用，非常方便。一般來說，**副食品冷藏可以放1～2天，冷凍可以放3～5天。** 要解凍時可以用隔水加熱、微波爐加熱等方式。

　　夾鏈袋是保存食物的好幫手，放在冷凍庫也較不占空間。空氣中因為有許多雜菌，為了避免食物接觸到雜菌而變質，密封夾鏈袋時，一定要把空氣排出。一般住家不像餐廳有真空機，因此我在這邊特別提供大家簡易方便的「隔水壓力法」，利用水的壓力將空氣排出，就能輕鬆保存食物囉！

>>> step >>>

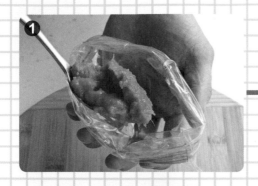

先將夾鏈袋的開口外翻撐開，一手拿著袋子，一手以湯匙盛裝食物。

 P O I N T

> 煮廚。史丹利小提醒：
> 食物應放涼冷卻後，再裝入袋中，避免留下蒸氣。

將食物裝入袋中。

準備一個大碗或盆子，放入5分滿的水，再將裝好食物的夾鏈袋放入，利用水中的壓力擠壓袋中的空氣，最後密封夾鏈袋即完成。

建議放入冰箱前，先在袋子上紀錄食物名稱、日期等資訊喔！

使用夾鏈袋的注意事項：

1 徹底密封：

　　空氣是冷凍的大敵，用夾鏈袋保存食物時，一定要保持真空。若密封袋中有空氣，食物容易因水分流失而變得乾澀。

2 每袋冷凍的份量不要太多：

　　建議一袋裝一餐的量冷凍，不但使用更方便，還可以縮短冷凍與解凍的時間。

3 不可重複使用：

　　夾鏈袋裝食物只能使用一次，千萬不要將使用過的夾鍊袋清洗後又重複使用喔！

 玻璃罐

　　玻璃罐附有蓋子，不論是裝食物泥、高湯、布丁……都非常方便。使用玻璃罐前，以滾燙的熱水消毒罐子，能夠達到殺菌的功效，以利食物的保存。

>>>step >>>

→ 用滾燙的沸水消毒罐子。

→ 將罐子擦乾後，倒入食物或湯。

→ 也可以把玻璃罐當成製作甜點的模型，例如自製果凍、布丁、奶酪時，蓋起來就能放到冰箱冷卻，非常萬用。

→ 放冰箱前，一定要確定將蓋子蓋緊喔！

副食品分裝盒

　　有時候想要將寶寶的食物分裝成一餐份，但保鮮盒又太大，該怎麼辦呢？建議各位爸媽可以用「副食品分裝盒」，將食物分裝成小盒放在冰箱，每次使用一盒，方便又衛生。

POINT

🍳 煮廚。史丹利小提醒：

記得盛裝食物的時候，不要裝太滿，避免蓋上蓋子時溢出。

⟫⟫ step ⟫⟫

① 將副食品分裝盒打開。

② 將食物放入盒中。

③ 將蓋子確實蓋緊。

④ 放入冰箱前，建議先在盒子上紀錄食物名稱、日期等資訊喔！

 製冰盒

製冰盒的一格一格的，只要將食物填滿格子做成冰磚，當料理需要時，隨時取一塊來用，非常方便。

 使用製冰盒的注意事項：

① 盛裝食物前，須將製冰盒洗淨擦乾。

② 每次使用後，須確實清洗乾淨。

>>>**step**>>>

將食物填入製冰盒中。

完成就能放入冰箱冷凍囉！

P O I N T

煮廚。史丹利小提醒：

食物的解凍方式

寶寶的食量小，將食材直接切分成每餐適當的食用量，分裝保存時，可以做塊狀或壓扁薄片的方式冷凍，輕鬆達到方便、快速、安全及衛生的條件！解凍食物的方式有2種：

① **冷凍生食食物**：可放置於冰箱冷藏解凍，或直接加熱至熟。

② **冷凍熟食食物**：直接加熱解凍就可恢復美味，還能達到殺菌的效果。

選擇有蓋子的製冰盒

若家中的製冰盒剛好沒蓋子，也可用保鮮膜封起來。

2/基本料理技巧篇

煮廚。史丹利（Stanley）｜李建軒

讓三個孩子的
奶爸煮廚來教妳！

 番茄去皮的方式

>>> step >>>

將番茄劃十字刀。

起滾水，將番茄入鍋燙煮約10秒撈起。

將燙過的番茄泡冰水降溫。

將番茄去皮。

將番茄去蒂。

將番茄去籽。

POINT

煮廚。史丹利小提醒：

製作副食品時，將番茄去皮去籽的目的，是為了讓口感更佳，同時避免寶寶吃到番茄的皮而卡到喉嚨。

★番茄去皮去籽用於本書料理：番茄泥（P.090）

調配方奶水

調配比例：

配方奶水1/2杯＝奶粉2大匙＋水60c.c.（以水溫40度左右沖泡）。

POINT

煮廚。史丹利小提醒：

★ 配方奶水用於本書料理：核桃香蕉泥（P.117）、南瓜花菜燉飯（P.164）

3/ 食材處理方法篇

煮廚。史丹利（Stanley）｜李建軒

讓三個孩子的
奶爸煮廚來教妳！

　　想要為寶寶準備美味的副食品，平常卻很少下廚的爸媽們，最擔心的就是採買時菜要怎麼挑？買回家後又該如何清洗與處理？別擔心！以下詳細提供製作寶寶副食品時，簡單好上手的食材處理技巧，讓你從料理新手變大廚！

 **蔬菜類**

高麗菜

挑選祕訣 較重且外觀無潰爛。

清洗祕訣 須一葉一葉撥取下來仔細清洗。

綠花椰菜

挑選祕訣 外觀鮮綠無變黃、變黑，花蕾緊密不鬆散。

清洗祕訣 切小朵狀泡水約15分鐘，再沖洗2～3次。

白花椰菜

挑選祕訣 外觀潔白，無變黑且花株
間緊密。

清洗祕訣 切小朵狀泡水約15分鐘，
再沖洗2～3次。

菠菜

挑選祕訣 葉片厚又結實，莖不能有
彎折的現象。

清洗祕訣 以清水浸泡10分鐘，多次
漂洗直到沒有泥土為止。

白菜

挑選祕訣 葉緣翠綠，球體緊密。

清洗祕訣 須一葉一葉撥取下來仔細清洗。

胡蘿蔔

挑選祕訣 外觀呈深橘色，鬚根少
且光滑。

清洗祕訣 將表面用「搓洗」的方
式清洗乾淨。

白蘿蔔

挑選祕訣 表面光亮未裂痕,緊實飽滿。
清洗祕訣 將表面用「搓洗」的方式清洗乾淨。

山藥

挑選祕訣 重且鬚根少,外觀完整無腐爛。
清洗祕訣 外皮含鹼,建議帶上手套削皮後,再略為沖洗。

南瓜

挑選祕訣 重量沉甸甸、表皮堅硬且表面無黑點。
清洗祕訣 將表面用「搓洗」的方式清洗乾淨。

洋蔥

挑選祕訣 外觀完整且飽滿堅硬,尖頭扎實,重者為佳。
清洗祕訣 去頭尾及皮,表面略為沖洗。

香菇

挑選祕訣 肥厚且蕈傘摺痕分明。

清洗祕訣 以清水沖洗蕈傘泥土及髒污，
或以濕廚房紙巾擦式。

玉米

挑選祕訣 表面無蟲害，且米粒飽滿光
亮。

清洗祕訣 浸泡後，以沖水方式清洗。

蘆筍

挑選祕訣 筍尖鱗片緊密，表皮呈現翠綠
光澤。

清洗祕訣 浸泡後，以沖水方式清洗。

魚類、海鮮類

蝦子

挑選祕訣 未變黑且蝦殼堅硬。

去腸泥的方法：

將蝦子開背，用刀取出腸泥。

鮭魚

挑選祕訣 顏色橘紅且無異味，肉質彈性佳。

蜆

挑選祕訣 敲碰時發出堅硬扎實聲。

鱸魚

挑選祕訣 鰓鮮紅、魚眼未混濁，表面無
黏液且魚鱗緊實。

吻仔魚

挑選祕訣 色澤呈現灰黃色。

魚片

挑選祕訣 沒完全解凍，且真空袋中沒
有水分及失去真空現象與破
損，色澤呈現紅和白，注意
保存期限。

 **肉類**

牛肉

挑選祕訣 肉質深紅有彈性，
且無腥味。

雞肉

挑選祕訣 肉呈現黃白色有彈性，
且無黏液無腥味。

豬肉

挑選祕訣 肉質淡紅色有彈性，
且無腥味。

絞肉

挑選祕訣 外觀肉質保有水分，且色澤呈現
淡紅色。

雞胸肉

挑選祕訣 肉質光澤透亮且有彈性。

雞腿肉

挑選祕訣 雞皮略帶黃色且毛細孔大。

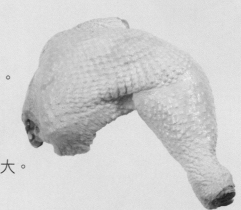

 豆類

黃豆

挑選祕訣 鮮豔有光澤，顆粒飽滿無缺損，氣味
正常且無酸霉味。

豆腐

挑選祕訣 略帶微黃色澤，且
觸感細膩無黏液，
聞起來有黃豆香。

Part 4

105道安心美味食譜，
讓寶寶頭好壯壯

米飯是副食品的基本主食，只要以不同比例的白米和水一起煮，就能煮出配合小寶寶咀嚼的軟硬度了。建議爸媽們可以一次煮一大鍋，並分裝冷凍，當忙得不可開交時，隨時加熱一下就能吃！在接下來的食譜中，我也有教大家如何用不同稠度的粥與飯，變化出各種口味的粥、燉飯。

		白米：水	階段
10倍粥		1：10	4～6個月
7倍粥		1：7.5	7～8個月
5倍粥		1：5	9～11個月
軟飯		1：2	1歲～1歲6個月
白飯		1：1	1歲7個月以上
蒜味奶油飯		同白飯	1歲7個月以上

註：水量的多寡僅供參考標準值，有可能因鍋子厚度、火的大小產生變化。

醫師。娘這樣說：

碳水化合物（澱粉類）佔熱量來源最重要的角色，而米又我們最習慣、也容易取得的主食之一，烹調上也相當方便。所以從米食、粥類作為寶寶的第一口副食品最適合不過了！雖然現代大家講求健康，會追求糙米、五穀雜糧米等，高纖礦物質維生素的飯食，但對於剛進入副食品階段的寶寶來說，因為吞嚥功能還沒發展成熟，白米粥這種無渣的食物比較適合噢！

10倍粥 ★米跟水的比例為1:10

4～6個月

105道安心美味食譜，讓寶寶頭好壯壯

Ch1 基本主食類

Ch2
Ch3
Ch4
Ch5
Ch6
Ch7

使用物品：不鏽鋼鍋

材料：白米1/5杯、水2杯

做法：

❶ 米洗淨加入2杯水。

❷ 以小火煮20分鐘即可完成。

料理時間 20分鐘

7倍粥 ★米跟水的比例為1:7

7～8個月

使用物品：不鏽鋼鍋

材料：白米1/5杯、水1杯半

做法：

❶ 米洗淨加入水1杯半。

❷ 以小火煮20分鐘即可完成。

料理時間 20分鐘

5倍粥 ★米跟水的比例為1:5

9～11個月

料理時間
20
分鐘

使用物品：不鏽鋼鍋

材料：白米1/5杯、水1杯

做法：

❶ 米洗淨加入1杯水。

❷ 以小火煮20分鐘即可完成。

軟飯 ★米跟水的比例為1:2

1歲～1歲6個月

料理時間
23
分鐘

使用物品：不鏽鋼鍋

材料：白米1/5杯、水2/5杯

做法：

❶ 米洗淨加入2/5杯水。

❷ 煮至冒煙再轉小火煮8分鐘、燜15分鐘即可完成。

白飯 ★米跟水的比例為1:1

1歲～1歲7個月以上

使用物品：不鏽鋼鍋

材料：白米1/5杯、水1/5杯

做法：

❶ 米洗淨加入1/5杯水。

❷ 煮至冒煙再轉小火煮8分鐘、燜15分鐘即可完成。

料理時間 23 分鐘

Ch2
Ch3
Ch4
Ch5
Ch6
Ch7

蒜味奶油飯

進階

使用物品：不鏽鋼鍋

材料：白米1/5杯、水1/5杯、蒜碎磚1/6塊、奶油1小匙

事前準備：蒜碎磚（P.082）

做法：

❶ 米洗淨加入1/5杯水。

❷ 煮至冒煙再轉小火煮8分鐘、燜15分鐘即可完成。

料理時間 23 分鐘

特別收錄：自製健康豆漿與米漿

　　自己打的豆漿與米漿新鮮又營養，且作法非常簡單，除了給寶寶喝，也能當全家人的早餐。（給寶寶的豆漿與米漿記得不要加糖喔！）

自製無糖豆漿

料理時間
25
分鐘

使用物品：
　調理棒、壓力鍋（若無壓力鍋，亦可用一般蒸煮鍋，但煮熟黃豆的時間較長）

材料：
　黃豆100g、開水1000c.c.

P O I N T

> 煮廚。史丹利小提醒：
>
> 比起豆漿機慢磨，我更建議用壓力鍋煮透黃豆，再以調理棒磨細，這樣不但不需濾渣，更能喝到全食物的營養。如圖，用這種方式煮出來的豆漿顏色偏黃。

>>> step >>>

1

2

1 │ 黃豆及開水放入壓力鍋煮至上壓，再以小火煮20分鐘。
2 │ 將煮熟黃豆湯，以調理棒打成豆漿即可完成。

Part
4

105道安心美味食譜，讓寶寶頭好壯壯

Ch1

基本主食類

Ch2
Ch3
Ch4
Ch5
Ch6
Ch7

用五倍粥打米漿

使用物品：
　調理棒
事前準備：
　五倍粥（作法見p.072）
材料：
　五倍粥

料理時間
1
分鐘

≫≫ step ≫≫

1 　2 　

1 ｜ 將五倍粥以調理棒打成米漿。
2 ｜ 完成囉！

POINT

 煮廚。史丹利小提醒：

五倍粥打的米漿天然又營養，全家大小都能喝，還能作為
副食品的食材，非常多變又萬用，我在書中也有教大家如
何用米漿入菜喔！（請參考p.132 蔬菜牛肉羹）

蔬菜高湯

料理時間 **20** 分鐘

使用物品：不鏽鋼鍋、濾網

材料：高麗菜1/4顆、胡蘿蔔1/4條、洋蔥1/4顆、番茄1顆、水1000c.c.

做法：

❶ 將所有材料切塊。

❷ 在鍋中加入切塊的食材及水1000c.c.，以小火煮20分鐘。

❸ 最後過濾即可完成。

醫師‧娘這樣說：

高湯／湯頭日文叫做だし(da shi)，日本人視為料理的靈魂之一。這裡老師教的高湯，大家平常沒事可以燉一大鍋放涼後，用夾鏈袋分裝起來放入冰庫，除了作為副食品製作的材料之一以外，做料理的時候也很實用噢！我自己也會存一堆高湯冰塊，有時候簡單下個麵、燙個青菜加個蛋，就是美味有營養的湯麵囉！

日式高湯

105道安心美味食譜，讓寶寶頭好壯壯

Ch1
Ch2 基本高湯類
Ch3
Ch4
Ch5
Ch6
Ch7

料理時間 **15** 分鐘

使用物品：不鏽鋼鍋、濾網

材料：白蘿蔔1/4條、胡蘿蔔1/4條、昆布1片、柴魚30g、番茄1顆、水1000c.c.

做法：

❶ 昆布泡入水約1小時備用。

❷ 將白蘿蔔、胡蘿蔔切塊及整顆番茄與昆布水煮至沸騰關火。

❸ 再加入柴魚泡15分鐘。

❹ 過濾即可完成。

P O I N T

🍴 煮廚。史丹利小提醒：

❶ 許多人在購買昆布時，常會看到昆布表面有白色粉狀，大家千萬別誤以為買到不新鮮發霉的昆布。其實昆布表面的白色結晶叫做「昆布粉」，是昆布成分甘露醇析出而成，屬自然現象。這些昆布粉正是昆布甘甜味的來源，煮湯時能增加鮮甜味。

❷ 昆布泡水前，可以用濕布將表面擦拭乾淨。

魚高湯

料理時間
15
分鐘

使用物品：不鏽鋼鍋、濾網

材料：魚骨300g、洋蔥1/4顆、蒜頭3瓣、水1000c.c.

做法：

❶ 將洋蔥切塊，起鍋入1小匙沙拉油，略炒洋蔥、蒜頭及魚骨。

❷ 加1000c.c.水小火（不需沸騰）煮約15分鐘。

❸ 最後過濾即可完成。

P O I N T

煮廚。史丹利小提醒：

熬煮魚高湯的時間不宜太長，因久煮會使養分流失。此外，煮有骨頭的高湯時，不可以煮至沸騰，避免高湯混濁。

雞高湯

Ch1
Ch2 基本高湯類
Ch3
Ch4
Ch5
Ch6
Ch7

料理時間 **20** 分鐘

使用物品：不鏽鋼鍋、濾網

材料：雞骨架300g、洋蔥1/4顆、胡蘿蔔1/4條、蒜頭3瓣、水1000c.c.

做法：

❶ 將洋蔥與胡蘿蔔切塊。 ❷ 將所有材料入鍋。

❸ 以小火煮20分鐘。 ❹ 最後過濾即可完成。

P O I N T

🍴 煮廚。史丹利小提醒：

自製的雞高湯不但營養，又可以增添料理的美味，而且材料和做法也很簡單，只要煮一鍋再做成冰磚，日常料理中隨時加一顆，真的很萬用！想要煮出清澈好喝的雞高湯，有2個小祕訣：

❶ 煮有骨頭的高湯時不可以煮至沸騰，避免高湯混濁。

❷ 熬煮高湯時，隨時撈除多餘的油及雜質泡沫，可以讓高湯更清澈。

蝦高湯

料理時間
5
分鐘

使用物品：不鏽鋼鍋、濾網

材料：蝦殼200g、洋蔥1/4顆、蒜頭2瓣、水1000c.c.

做法：

❶ 將洋蔥切塊。　❷ 起鍋入油，將所有材料炒香。

❸ 加入水熬煮約5分鐘。　❹ 過濾即可完成。

P O I N T

煮廚。史丹利小提醒：

蝦高湯帶有濃濃鮮味與香氣的祕訣就在於「蝦殼」！在步驟中，我們先將蝦殼與蔬菜炒香，讓油脂帶出色澤與風味，再加水熬煮，因此這道高湯的顏色較深。

特別收錄：自製萬用蔬菜碎冰磚

　　將營養的洋蔥、蒜頭及胡蘿蔔炒熟加熱帶出養分後，製作成一顆一顆的冰磚冷凍，平常在製作副食品時加一顆，不但可以增添香味，也能讓孩子吃到更多營養及風味，非常方便實用！

洋蔥碎

使用物品：不沾鍋、易拉轉（若無易拉轉，亦可用刀切碎）

材料：洋蔥2顆、沙拉油2大匙、水2大匙

Ch1
Ch2
基本高湯類
Ch3
Ch4
Ch5
Ch6
Ch7

冰磚

直接入菜

料理時間
5
分鐘

≫≫ step ≫≫

1

2

3

1｜將洋蔥以易拉轉切碎。
2｜取不沾鍋，將洋蔥碎以油水炒至透明褐色。
3｜完成後，可入料理或冷凍製成冰磚。

蒜碎

▶ 使用物品：不沾鍋、易拉轉（若無易拉轉，亦可用刀切碎）
材料：蒜頭200g、沙拉油2大匙、水2大匙

冰磚

直接入菜

料理時間
5
分鐘

≫≫ **step** ≫

1

2

3

1 | 將蒜頭以易拉轉切碎。
2 | 取不沾鍋，將蒜碎以油水炒至軟。
3 | 完成後，可入料理或冷凍製成冰磚。

胡蘿蔔碎

使用物品：不沾鍋、易拉轉（若無易拉轉，亦可用刀切碎）

材料：胡蘿蔔1條、沙拉油2大匙、水2大匙

冰磚

直接入菜

料理時間
5
分鐘

Ch1
Ch2
基本高湯類
Ch3
Ch4
Ch5
Ch6
Ch7

≫ step ≫

1  2  3

1｜將胡蘿蔔切大塊。

2｜以易拉轉切碎。

3｜取不沾鍋，將胡蘿蔔碎以油水炒至軟。完成後，可入料理或冷凍製成冰磚。

梗米米糊湯

使用物品：不鏽鋼鍋、調理棒

材料：白米1/5杯、水2杯

做法：

❶ 將白米洗淨加入水煮至米軟化。

❷ 以調理棒打成泥湯即可完成。

料理時間 **20** 分鐘

小米米糊湯

使用物品：不鏽鋼鍋、調理棒

材料：小米1/5杯、水2杯

做法：

❶ 將白米洗淨加入水煮至米軟化。

❷ 以調理棒打成泥湯即可完成。

料理時間 **20** 分鐘

藜麥米糊湯

使用物品：不鏽鋼鍋、調理棒

材料：紅藜麥1/2小匙、白米 1/5杯、水2杯

做法：

❶ 將白米及藜麥洗淨加入水 煮至米軟化。

❷ 以調理棒打成泥湯即可完成。

料理時間 **20** 分鐘

黑米米糊湯

使用物品：不鏽鋼鍋、調理棒

材料：黑米1/5杯、水2杯

做法：

❶ 將黑米洗淨加入水煮至米 軟化。

❷ 以調理棒打成泥湯即可完 成。

料理時間 **25** 分鐘

Part 4

105道安心美味食譜，讓寶寶頭好壯壯

Ch1
Ch2
Ch3 寶寶4～6個月
Ch4
Ch5
Ch6
Ch7

糙米米糊湯

使用物品：不鏽鋼鍋、調理棒

材料：糙米1/5杯、水2杯

做法：

❶ 將糙米洗淨加入水煮至米軟化。

❷ 以調理棒打成泥湯即可完成。

料理時間
25
分鐘

山藥泥 ★當令季節：春秋冬

使用物品：電鍋、調理棒

材料：山藥50g、開水2大匙

做法：

❶ 將山藥去皮切片蒸煮熟。

❷ 加入開水以調理棒打成泥即可完成。

料理時間
5
分鐘

ch3 寶寶4~6個月

白花菜泥 ★當令季節：春冬

使用物品：不鏽鋼鍋、調理棒

事前準備：白花菜泡水約20分鐘

材料：白花菜50g、開水2大匙

做法：

❶ 將白花菜切小朵以不鏽鋼鍋蒸煮熟。

❷ 加入開水以調理棒打成泥即可完成。

料理時間
3
分鐘

Ch1
Ch2
Ch3
寶寶4～6個月
Ch4
Ch5
Ch6
Ch7

青花菜泥 ★當令季節：春冬

使用物品：不鏽鋼鍋、調理棒

事前準備：青花菜泡水約20分鐘

材料：青花菜50g、開水2大匙

做法：

❶ 將青花菜切小朵以不鏽鋼鍋蒸煮熟。

❷ 加入開水以調理棒打成泥即可完成。

料理時間
3
分鐘

南瓜泥 ★當令季節：春冬

使用物品：電鍋、調理棒
材料：南瓜50g、開水2大匙
做法：
❶ 將南瓜切片蒸煮熟。
❷ 加入開水以調理棒打成泥即可完成。

料理時間
5
分鐘

馬鈴薯泥 ★當令季節：四季皆可

使用物品：電鍋、調理棒
材料：馬鈴薯50g、開水2大匙
做法：
❶ 將馬鈴薯去皮切片蒸煮熟。
❷ 加入開水以調理棒打成泥即可完成。

料理時間
5
分鐘

紫地瓜泥 ★當令季節：四季皆可

使用物品：不鏽鋼鍋、調理棒、錫箔紙

材料：紫地瓜50g、開水2大匙

做法：

❶ 將紫地瓜以錫箔紙包覆放入不鏽鋼鍋小火烤約20分鐘。

❷ 撥去紫地瓜皮，加入開水以調理棒打成泥即可完成。

料理時間
20
分鐘

Part **4**

105道安心美味食譜，讓寶寶頭好壯壯

Ch1
Ch2
Ch3
寶寶4~6個月
Ch4
Ch5
Ch6
Ch7

玉米泥 ★當令季節：四季皆可

使用物品：不鏽鋼鍋、調理棒

材料：玉米50g、開水2大匙

做法：

❶ 將玉米以不鏽鋼鍋蒸煮熟。

❷ 加入開水以調理棒打成泥即可完成。

料理時間
3
分鐘

芋泥 ★當令季節：四季皆可

使用物品：不鏽鋼鍋、調理棒

材料：芋頭50g、開水2大匙

做法：

❶ 將芋頭去皮切塊以不鏽鋼鍋蒸煮熟。

❷ 加入開水以調理棒打成泥即可完成。

料理時間 **8** 分鐘

番茄泥 ★當令季節：四季皆可

使用物品：不鏽鋼鍋、調理棒

材料：番茄1顆

做法：

❶ 將番茄蒸煮2分鐘取出去皮。

❷ 以調理棒打成泥即可完成。

POINT

煮廚。史丹利小提醒：

在這道料理中，將番茄去皮的目的，是為了讓口感更佳，同時避免寶寶吃到番茄的皮而卡到喉嚨。（番茄去皮的方法請見p.058）

料理時間 **3** 分鐘

甜菜根泥 ★當令季節：四季皆可

使用物品：不鏽鋼鍋、調理棒
材料：甜菜根50g、開水2大匙
做法：
❶ 將甜菜根切小塊以不鏽鋼鍋蒸煮熟。
❷ 加入開水以調理棒打成泥即可完成。

料理時間
3
分鐘

105道安心美味食譜，讓寶寶頭好壯壯

Ch1
Ch2
Ch3
寶寶4~6個月
Ch4
Ch5
Ch6
Ch7

板豆腐泥 ★當令季節：四季皆可

使用物品：不鏽鋼鍋、調理棒
材料：板豆腐50g、開水2大匙
做法：
❶ 將板豆腐以不鏽鋼鍋蒸煮1分鐘。
❷ 加入開水以調理棒打成泥即可完成。

P O I N T

煮廚。史丹利小提醒：

板豆腐比起雞蛋豆腐更適合寶寶，因為雞蛋豆腐有鹹味，所以我們建議選擇板豆腐喔！

料理時間
3
分鐘

菠菜泥 ★當令季節：冬

使用物品：不鏽鋼鍋、調理棒

材料：菠菜50g、開水2大匙

做法：

❶ 將洗淨菠菜以不鏽鋼鍋燙熟。

❷ 加入開水以調理棒打成泥即可完成。

料理時間
3 分鐘

高麗菜泥 ★當令季節：冬

使用物品：不鏽鋼鍋、調理棒

材料：高麗菜50g、開水2大匙

做法：

❶ 將高麗菜以不鏽鋼鍋燙熟。

❷ 加入開水以調理棒打成泥即可完成。

料理時間
3 分鐘

ch3 寶寶4~6個月

胡蘿蔔泥 ★當令季節：四季皆可

使用物品：蒸鍋（或電鍋）、調理棒

材料：胡蘿蔔50g、開水2大匙

做法：

❶ 將胡蘿蔔蒸煮熟透。

❷ 加入開水以調理棒打成泥即可完成。

料理時間 **15** 分鐘

Ch1
Ch2
Ch3
寶寶4～6個月
Ch4
Ch5
Ch6
Ch7

綠竹筍泥 ★當令季節：夏

使用物品：蒸鍋（或電鍋）、調理棒

事前準備：生竹筍切片、白米洗淨

材料：竹筍50g、開水2大匙

做法：

❶ 將竹筍蒸煮熟。

❷ 將熟竹筍以調理棒打成泥即可完成。

料理時間 **30** 分鐘

白菜泥 ★當令季節：冬

使用物品：蒸鍋（或電鍋）、
　　　　　調理棒

材料：白菜50g

做法：

❶ 將白菜蒸熟後以調理棒打
　成泥即可完成。

料理時間
15
分鐘

野菇泥 ★當令季節：四季皆可

使用物品：不沾鍋、調理棒

材料：蘑菇50g、開水2大匙

做法：

❶ 將蘑菇洗淨切塊，以不沾鍋
　乾炒至熟。

❷ 加入開水以調理棒打成泥
　即可完成。

料理時間
10
分鐘

ch3 寶寶4~6個月

皇宮菜泥 ★當令季節：春夏秋

使用物品：不鏽鋼鍋、調理棒

材料：皇宮菜50g、開水2大匙

做法：

❶ 將皇宮菜燙熟。

❷ 加入開水以調理棒打成泥即可完成。

料理時間
3
分鐘

105道安心美味食譜，讓寶寶頭好壯壯

Ch1
Ch2
Ch3 寶寶4~6個月
Ch4
Ch5
Ch6
Ch7

酪梨泥 ★當令季節：夏秋

使用物品：調理棒

材料：酪梨50g

做法：

❶ 將酪梨去皮去核。

❷ 以調理棒打成泥即可完成。

料理時間
1
分鐘

雞精湯

▶ **使用物品**：壓力鍋（若無壓力鍋，亦可使用一般電鍋取代）、拍打雞肉的肉錘或剁刀

材料：土雞1隻（3斤）、蒜頭2瓣

料理時間
60
分鐘

>>> step >>>

1 將全雞洗淨以刀背拍打。

2 將全雞放入壓力鍋層架中，再放入蒜頭備用。

3 將1000c.c. 水放至壓力鍋（快鍋）後，再放入步驟2的層架蓋鍋，上壓轉小火，煮約60分鐘即可。

4 完成囉！

雞精湯碎肉⋯⋯⋯⋯   雞精湯⋯⋯⋯

POINT

🍳 煮廚。史丹利小提醒：

好喝的滴雞精自己就能在家煮，做法非常簡單！拍打雞肉的工具可用肉鎚或剁刀來拍打，也可在買雞肉時請攤商拍打。拍打的目的是為了萃取骨頭中的精華。在此提醒各為爸媽，全雞拍打後請勿沖洗，以免養分流失。完成後的「雞精湯」與「雞精湯碎肉」可以分裝冷凍，平時入菜超方便，還能帶給全家人滿滿營養與元氣喔！（雞精湯入菜請參考：雞精玉米蘿蔔粥p.110）

ch4 寶寶 7~8 個月

牛肉精 ▶

使用物品：壓力鍋（若無壓力鍋，亦可使用一般電鍋取代，但所需時間較長）

材料：瘦牛肉2斤

料理時間
50 分鐘

Ch1
Ch2
Ch3
Ch4
寶寶 7~8 個月
Ch5
Ch6
Ch7

>>> **step** >>>

1   2   3   4

牛肉精碎肉⋯⋯⋯⋯ 牛肉精⋯⋯⋯⋯

1 | 將牛肉洗淨切塊。
2 | 放入壓力鍋層架中。
3 | 將1000c.c.水放至壓力鍋（快鍋）後，再放入層架蓋鍋，上壓轉小火煮約50分鐘。
4 | 完成。

P O I N T

🍴 **煮廚。史丹利小提醒：**

這道料理能給能給寶寶營養好精力，只要煮一大鍋，全家大小都能享用。完成後的「牛肉精」與「牛肉精碎肉」可以煮粥、蒸蛋，我在後面章節的料理中都有教大家如何運用喔！

（牛肉精入菜請參考：牛肉精番茄泥粥p.112、甜菜牛肉粥p.128、蔬菜牛肉羹p.132、牛肉芙蓉蛋p.148、牛肉馬鈴薯球p.150）

鱸魚精 ▶

使用物品：壓力鍋（若無壓力鍋，亦可使用一般電鍋取代，但所需時間較長）

材料：鱸魚1條、薑片2片、蒜頭1瓣

料理時間
40
分鐘

≫≫ **step** ≫≫

1　　　　2　　　　3　　　　4

鱸魚精碎肉⋯⋯⋯　鱸魚精⋯⋯⋯

1　將鱸魚洗淨切塊。

2　接著放入壓力鍋層架中，再放入薑片及蒜瓣。

3　將1000c.c. 水放至壓力鍋（快鍋）後，再放入步驟2的層架蓋鍋，上壓轉小火煮約40分鐘即可。

4　完成囉！

P O I N T

> 🍴 煮廚。史丹利小提醒：
>
> 我們的精力湯皆不需另外加鹽，而是利用食材本身的原味萃取出的精華。這道料理完成後的「鱸魚精」與「鱸魚精碎肉」入菜可以為料理添加天然的鮮味，我在後面的料理中都有教大家如何運用喔！（鱸魚精入菜請參考：魚精青花菜泥粥p.111）

ch4 寶寶**7~8**個月

蜆精 ▶

使用物品：壓力鍋（若無壓力鍋，亦可使用一般電鍋取代，但所需時間較長）

材料：蜆仔2斤、薑片2片、蒜頭1瓣

料理時間
40分鐘

>>> step >>>

1	2	3 熟蜆仔	4 蜆精

1 | 取寬口容器，將蜆仔加入清水浸泡約1小時吐沙（水高度須蓋過蜆仔）。

2 | 接著放入壓力鍋層架中，再放入薑片及蒜瓣備用。

3 | 將1000c.c.水放至壓力鍋（快鍋）後，再放入步驟2的層架蓋鍋，上壓轉小火煮約40分鐘即可。

4 | 完成囉！

POINT

> 煮廚。史丹利小提醒：
>
> 蜆仔和蛤蜊的吐沙方式不同，蛤蜊吐沙時須在水中加鹽，蜆仔吐沙則不能加鹽喔！（蜆精入菜請參考：蜆精竹筍粥 p.113）

洋蔥精 ▶

使用物品：壓力鍋（若無壓力鍋，亦可使用一般電鍋取代，但所需時間較長）

材料：洋蔥2顆

料理時間 **30** 分鐘

>>> step >>>

1　　　　　　2　　　　　　3　　　　　　4

熟洋蔥絲」⋯⋯⋯⋯　　⋯⋯⋯洋蔥精

1 │ 將洋蔥切絲。

2 │ 將洋蔥絲放入壓力鍋層架中。

3 │ 將1000c.c.水放至壓力鍋（快鍋）後再放入步驟2層架蓋鍋，上壓轉小火煮約30分鐘即可。

4 │ 完成囉！

P O I N T

> ✗ 煮廚。史丹利小提醒：
>
> 這道洋蔥精喝起來帶有天然的洋蔥甜味，完全不需加任何調味料！上層的洋蔥絲煮後會變得非常軟爛。（洋蔥精入菜請參考：洋蔥精白菜粥p.114）

雞肉泥 ▶

使用物品：不鏽鋼鍋、調理棒
事前準備：雞高湯（作法見p.079）
材料：雞柳條2條、雞高湯5大匙

料理時間
5
分鐘

Ch1
Ch2
Ch3
Ch4

寶寶7~8個月

Ch5
Ch6
Ch7

≫≫ step ≫≫

1　　　　　2　　　　　3　　　　　4

1 | 去除雞柳條筋膜。
2 | 將雞柳條入不鏽鋼鍋煎至上色熟透即可熄火。
3 | 加入雞高湯。
4 | 以調理棒打成泥即可完成。

P O I N T

🍳 煮廚。史丹利小提醒：

上述的做法是「將雞柳條表面煎過」再加高湯打成泥，表面稍微煎過的雞柳條吃起來更香。
爸媽們也可以改成「把生雞柳條直接打成泥」，再加入高湯蒸熟的方式喔！（雞肉泥入菜請
參考：雞蓉海苔豆腐粥p.107、雞蓉玉米羹 p.134、雞肉南瓜麵線p.140）

青豆泥

使用物品：
> 不沾鍋、調理棒、濾網

事前準備：
> 雞高湯（p.079）、
> 洋蔥碎磚（p.081）、
> 蒜碎磚（p.082）

材料：
- 青豆仁100g、
  洋蔥碎磚1/4塊、
  蒜碎磚1/6塊、
  雞高湯4匙

料理時間
5
分鐘

>>> step >>>

1	2	3	4

5

1 將青豆仁以滾水燙煮約10秒鐘撈起。

2 泡入冰水冰鎮瀝乾備用。

3 起鍋，入洋蔥碎磚及蒜碎磚。

4 加入雞高湯煮滾。

5 將冰鎮瀝乾的青豆仁及高湯料水以調理棒打成泥狀即可完成。

POINT

🧑‍🍳 煮廚。史丹利小提醒：

將汆燙過的青豆仁撈起泡入冰水，有保色作用，製做出來的青豆泥色澤會更漂亮。

香菇粉

使用物品：
不沾鍋、調理棒

材料：
乾香菇8朵、
海帶芽1大匙

料理時間
5
分鐘

Ch1
Ch2
Ch3
Ch4
寶寶7～8個月
Ch5
Ch6
Ch7

>>> step >>>

1

2

3

1 │ 起不沾鍋，乾煸乾香菇及海帶芽，直至略為帶出香氣酥脆後待涼備用。
2 │ 將所有材料放入調理棒容器。
3 │ 以調理棒磨成粉狀即可完成。

P O I N T

 煮廚。史丹利小提醒：

我堅決不讓孩子吃化學調味劑，所以常常自己製作香菇粉。將乾香菇的鮮味細磨成粉，取代味精和高湯塊，不論炒菜、煮湯、煮粥都適用，你也可以輕鬆做出天然安心的調味粉喔！

吻仔魚泥

使用物品：不沾鍋、調理棒
事前準備：魚高湯（p.078）、蒜碎磚（p.082）
材料：吻仔魚40g、魚高湯1大匙、薑片1片、
　　　　蒜碎磚1/8塊

料理時間
5
分鐘

>>> step >>>

1	2	3	4

1 ｜ 起滾水加入薑片及吻仔魚汆燙備用。
2 ｜ 起鍋煏香吻仔魚，再加入油及蒜碎磚拌炒後撈起。
3 ｜ 加入魚高湯及吻仔魚。
4 ｜ 以調理棒打成泥即可完成。

P O I N T

 煮廚。史丹利小提醒：

吻仔魚沖洗水可去除鹹味，汆燙可殺菌。
（吻仔魚泥入菜請參考：小魚堅果菠菜粥p.108）

ch4 寶寶7~8個月

鮭魚泥 ▶

使用物品：不鏽鋼鍋、調理棒
事前準備：魚高湯（p.078）、蒜碎磚（p.082）
材料：鮭魚80g、魚高湯3大匙、蒜碎磚1/8塊

料理時間
5
分鐘

105
道安心美味食譜，讓寶寶頭好壯壯

Ch1
Ch2
Ch3
Ch4
寶寶7~8個月

Ch5
Ch6
Ch7

>>> step >>>

1  2  3

4

1 熱鍋後將鮭魚入鍋。
2 煎至表面上色竄出香味。
3 加入蒜碎磚及魚高湯煮熟。
4 以調理棒打成泥即可完成。

P O I N T

✗ 煮廚。史丹利小提醒：

鮭魚打成碎泥適合煮粥，建議可以一次多煮一些並分裝冷凍。
（鮭魚泥入菜請參考：鮭魚豆漿山藥粥p.109）

高麗菜吻仔魚粥

使用物品：
　不鏽鋼鍋、調理棒

事前準備：
　七倍粥（p.071）、
　洋蔥碎磚（p.081）、
　胡蘿蔔碎磚（p.083）

材料：
　洋蔥碎磚1/3塊、
　胡蘿蔔碎磚1塊、
　高麗菜30g、
　吻仔魚1大匙、
　七倍粥1/2杯

料理時間
5
分鐘

>>> step >>>

1

2

3

4

5

1 ｜ 起鍋加入所有蔬菜碎冰磚。
2 ｜ 加入高麗菜。
3 ｜ 再加入沖洗過的吻仔魚一起炒香。
4 ｜ 接著加入七倍粥略煮。
5 ｜ 最後以調理棒打成泥即可完成。

雞蓉海苔豆腐粥

Part
4

105道安心美味食譜，讓寶寶頭好壯壯

Ch1
Ch2
Ch3
Ch4
寶寶7~8個月
Ch5
Ch6
Ch7

使用物品：
不鏽鋼鍋、調理棒

事前準備：
七倍粥（p.071）、
板豆腐泥（p.091）、
雞肉泥（p.101）

材料：
雞肉泥2大匙、
海苔1/2張、
板豆腐泥3大匙、
七倍粥1/2杯

料理時間
5
分鐘

>>>step>>>

1

2

3

1 起鍋加入板豆腐泥、雞肉泥與海苔。
2 接著倒入七倍粥煮熟。
3 以調理棒打成泥即可完成。

小魚堅果菠菜粥

使用物品：
　　不鏽鋼鍋、調理棒

事前準備：
　　七倍粥（p.071）、
　　洋蔥碎磚（p.081）、
　　菠菜泥（p.092）、
　　吻仔魚泥（p.104）

材料：
　　吻仔魚泥30g、
　　核桃20g、
　　菠菜泥1大匙、
　　洋蔥碎磚1/6塊、
　　七倍粥1/2杯

料理時間
5
分鐘

>>> step >>>

1	2	3	4

1 | 將核桃以調理棒打成粉狀備用。
2 | 取不鏽鋼鍋加入所有食材。
3 | 攪拌至煮熟即可。
4 | 最後撒上核桃粉就完成囉。

醫師・娘這樣說：
有一點年紀的人都會知道以前卡通「大力水手」裡面，主角一定會吃的就是菠菜罐頭。因為菠菜除了蔬菜類富含的維生素C、礦物質和纖維以外，最有名的就是鐵質了。鐵質是製造血液最重要的原料之一，尤其是從母奶／配方奶轉固態食物的過程當中，缺鐵很常見，尤其是有些過度依賴ㄋㄟㄋㄟ的孩子，常常會發生缺鐵的問題。怕孩子缺鐵，就選擇菠菜吧！

ch4 寶寶7~8個月

鮭魚豆漿山藥粥

使用物品：
　　不鏽鋼鍋、調理棒

事前準備：
　　無糖豆漿（p.074）、
　　洋蔥碎磚（p.081）、
　　鮭魚泥（p.105）

材料：
　　鮭魚泥2大匙、
　　白米2大匙、
　　無糖豆漿1杯半、
　　洋蔥碎磚1/3塊、
　　山藥30g

料理時間
20
分鐘

Ch1
Ch2
Ch3
Ch4
寶寶7~8個月
Ch5
Ch6
Ch7

⋙ step ⋙

1

2

3

4

1　起不鏽鋼鍋，將洗淨白米及豆漿加入。

2　再加入山藥一起煮。

3　煮至米軟化後以調理棒打成泥。

4　再加入鮭魚泥及洋蔥碎磚略煮即可完成。

POINT

🍳 煮廚。史丹利小提醒：

🍴 這道料理完全不加一滴水，而是以天然的無糖豆漿來熬煮，我在本書P.074也有教大家如何自製豆漿喔！

雞精玉米蘿蔔粥

料理時間
20
分鐘

使用物品：
　不鏽鋼鍋
事前準備：
　洋蔥碎磚（p.081）、
　胡蘿蔔碎磚（p.083）、
　玉米泥（p.089）、
　雞精湯（p.096）
材料：
　胡蘿蔔碎磚1塊、
　白米2大匙、
　雞精湯1杯、
　玉米泥2大匙、
　洋蔥碎磚1/3塊

≫≫≫ step ≫≫

1
2
3

1 ｜ 起鍋加入胡蘿蔔碎磚與洋蔥碎磚。
2 ｜ 接著加入洗淨的白米與雞精湯。
3 ｜ 最後加入玉米泥，將所有材料燉煮熟即可完成。

P O I N T

 煮廚。史丹利小提醒：

這道料理不以水煮粥或加高湯塊，而是用前面教大家的雞
精湯（P.096）來煮熟生米！

ch4 寶寶7~8個月
魚精青花菜泥粥

使用物品：
　　不鏽鋼鍋
事前準備：
　　青花菜泥（p.087）、
　　鱸魚精&魚精碎肉（p.098）
材料：
　　青花菜泥2大匙、
　　白米2大匙、
　　鱸魚精1杯、
　　魚精碎肉（煉魚精的
　　魚肉）2大匙

料理時間
20
分鐘

Ch1
Ch2
Ch3
Ch4
寶寶7~8個月
Ch5
Ch6
Ch7

≫≫ step ≫≫

1	2	3

1 | 起鍋加入白米與青花菜泥。
2 | 倒入鱸魚精。
3 | 最後加入魚精碎肉燉煮熟即可完成。

P O I N T

煮廚。史丹利小提醒：

這道料理不以水煮粥或加高湯塊，而是用前面教大家的鱸魚
精（P.098）來煮熟生米，營養更加分！

牛肉精番茄泥粥

使用物品：
　不鏽鋼鍋

事前準備：
　番茄泥（p.090）、
　牛肉精&牛肉精碎肉（p.097）

材料：
　番茄泥2大匙、
　白米2大匙、
　牛肉精1杯、
　牛肉精碎肉2大匙

料理時間
20 分鐘

>>> step >>>

1	2	3

1　起鍋加入牛肉精碎肉及白米。

2　加入番茄泥。

3　倒入牛肉精燉煮熟即可完成。

P O I N T

🍴 煮廚。史丹利小提醒：

這道料理不以水煮粥或加高湯塊，而是用前面教大家的牛肉精（P.097）來煮熟生米，嚐起來味道更豐富！

蜆精竹筍粥

使用物品：
　不鏽鋼鍋

事前準備：
　綠竹筍泥（p.093）、
　蜆精（p.099）

材料：
　綠竹筍泥2大匙、
　白米2大匙、
　蜆精1杯

料理時間
20
分鐘

Ch1
Ch2
Ch3
Ch4
寶寶7~8個月
Ch5
Ch6
Ch7

>>> step >>>

1　2　3

1 ｜ 起鍋加入洗淨白米。
2 ｜ 倒入蜆精。
3 ｜ 加入綠竹筍泥燉煮熟即可完成。

醫師。娘這樣說：
竹筍屬於高纖維的食物，對這個月齡的孩子來說，即使切成小丁還是無法順利吞嚥，因為研磨食物的臼齒還未長齊。所以這邊一定要用史丹利老師教的「綠竹筍泥」才可以，不能直接加竹筍喔！

洋蔥精白菜粥

使用物品：
　　不鏽鋼鍋
事前準備：
　　白菜泥（p.094）、
　　洋蔥精（p.100）
材料：
　　白菜泥2大匙、
　　白米2大匙、
　　洋蔥精1杯

料理時間
20
分鐘

>>>step>>>

1	2	3

1 ｜ 起鍋加入洗淨白米。
2 ｜ 倒入洋蔥精。
3 ｜ 加入白菜泥燉煮熟即可完成。

P O I N T

煮廚。史丹利小提醒：

這道料理不以水煮粥或加高湯塊，而是用前面教大家的洋蔥
精（P.100）來煮熟生米，嚐起帶有洋蔥的天然甜味！

ch4 寶寶7~8個月

蒜味鮭魚花菜泥

使用物品：
不鏽鋼鍋、調理棒

事前準備：
魚高湯（p.078）、
蒜碎磚（p.082）、
青花菜泥（p.087）

材料：
鮭魚50g、
青花菜泥30g、
蒜碎磚1/8塊、
魚高湯3大匙

料理時間
5
分鐘

Ch1
Ch2
Ch3
Ch4
寶寶7~8個月
Ch5
Ch6
Ch7

>>> step >>>

1   2   3

1 | 熱不鏽鋼鍋，將鮭魚入鍋中煎至表面上色，竄出香味。
2 | 將煎熟的鮭魚以調理棒打碎。
3 | 再加入青花菜泥、蒜碎磚與魚高湯煮熟即可完成。

蘋果精 ▶

使用物品：壓力鍋（若無壓力鍋，亦可使用一般電鍋取代，但所需時間較長）

材料：蘋果4顆

料理時間
30
分鐘

step

1

2

3

熟蘋果塊

蘋果精

1 │ 蘋果洗淨切塊後放入壓力鍋層架中備用。

2 │ 將1000c.c.水放至壓力鍋（快鍋）後再放入步驟1層架蓋鍋。

3 │ 上壓轉小火煮30分鐘即可完成。

醫師。娘這樣說：

第一次看到史丹利老師這道食譜，我心想說：「啊這不就是熱蘋果汁。」問隔壁太太有沒有聽過蘋果精，她以為我在說什麼千年蘋果得道成精之類，還問我漂不漂亮（失格主婦x2）！不過一般的蘋果汁如果把果渣濾掉，重要的纖維素都會喪失，而蘋果加熱以後會釋出水溶性纖維（果膠），這一道料理可以作為餐之間的點心使用。另外剩餘的熟蘋果不要丟掉噢！可以加一點檸檬汁跟糖熬煮成果醬。

ch4 寶寶**7~8**個月

核桃香蕉泥

使用物品：
調理棒

材料：
核桃20g、
香蕉50g、
開水3大匙、
配方奶水1/2杯（2大匙
奶粉＋水60c.c.，以水溫
40度左右沖泡）

料理時間
5
分鐘

Ch1
Ch2
Ch3
Ch4
寶寶7~8個月
Ch5
Ch6
Ch7

≫≫step ≫≫

1

2

3

1 | 將核桃以調理棒打成粉狀備用。
2 | 將香蕉、奶水及開水以調理棒打成泥狀盛出。
3 | 撒上核桃碎粉即可完成。

杏桃麥片粥

使用物品：調理棒

材料：
全穀麥片1片、
杏桃乾15g、
配方奶粉水1/2杯（2大
匙奶粉＋水60c.c.，以
水溫40度左右沖泡）

POINT

煮廚。史丹利小提醒：

杏桃乾亦可用新鮮的杏桃，但因受季節限制，推薦各位爸媽用杏桃乾比較方便，做出的風味也很不錯喔！

料理時間
5
分鐘

>>> step >>>

1

2

3

1 | 杏桃乾加入50c.c.冷開水，以調理棒打成泥備用。

2 | 將全穀片放到碗中，加入配方奶粉水後，以湯匙攪拌泡成全穀粥。

3 | 淋上杏桃泥即可完成。

ch4 寶寶7~8個月
南瓜豆漿凍

使用物品：
　不沾鍋、造型模型、
　保鮮膜

事前準備：
　無糖豆漿（p.074）、
　南瓜泥（p.088）

材料：
　南瓜泥2大匙、
　無糖豆漿1/2杯、
　吉利丁片1片（或1/2匙
　吉利T粉）

料理時間
30
分鐘

Tip:
鋪保鮮膜較方便
脫模喔！

Ch1
Ch2
Ch3
Ch4
寶寶7～8個月
Ch5
Ch6
Ch7

≫≫ step ≫≫

1

2

3

4
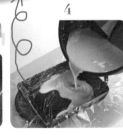

5　　　　　6

1 | 將泡水軟化的吉利丁擠乾水分備用。
2 | 將無糖豆漿、南瓜泥及吉利丁片加入鍋中。
3 | 加熱攪拌至溶化備用。
4 | 放涼後倒入鋪有保鮮膜的模型或容器中。
5 | 放進冰箱30分鐘以上冰至定型即可脫模。
6 | 最後壓模即可完成。

黑糖燕窩

料理時間
30
分鐘

使用物品：
壓力鍋（若無壓力鍋，亦可使用一般電鍋取代，但所需時間較長）、易拉轉、食物剪刀

材料：
白木耳30g、開水300g、黑糖2大匙

P O I N T

🍴 煮廚。史丹利小提醒：

這道黑糖燕窩是我們家6歲和8歲的女兒最愛的點心，我通常夏天會煮一大鍋冰起來！家中還在吃副食品的小兒子吃的是依上述配方製作的，老婆和女兒吃的我則會再另外加糖喔。

🍴 Tip:
白木耳以流動活水沖洗是為了去除硫磺味。

 >>> step >>>

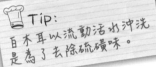

1

2

3

4

5

1 將白木耳洗淨泡發後，以流動活水沖約5分鐘備用。

2 將泡發白木耳用剪刀去除底部蒂頭。

3 再以易拉轉切碎。

4 加入打碎白木耳與10倍的水入壓力鍋（快鍋）上壓轉小火煮25分鐘。

5 接著開鍋加入黑糖拌勻即可完成。

Part
4

105道安心美味食譜，讓寶寶頭好壯壯

Ch1
Ch2
Ch3
Ch4
寶寶7~8個月
Ch5
Ch6
Ch7

ch4 寶寶7~8個月

堅果芝麻糊

使用物品：
　　不沾鍋、調理棒

材料：
　　堅果10g、
　　黑芝麻2大匙、
　　開水1/4杯、
　　黑糖1小匙

料理時間
6
分鐘

>>> step >>>

1

2

3

4

1　將堅果及黑芝麻以不沾鍋乾烤香後，
　　待冷卻備用。

2　將烤香的堅果及黑芝麻打成粉狀。

3　再加入黑糖。

4　最後加入開水拌勻即可完成。

磨牙彩蔬米棒

手指食物

料理時間
10
分鐘

使用物品：
　調理棒、不沾鍋、擠花袋

事前準備：
　南瓜20g、胡蘿蔔20g、
　菠菜20g分別加入適量開
　水（約各30cc）以調理
　棒打成汁。

材料：
　白飯150g、
　南瓜汁20g、
　胡蘿蔔汁20g、
　菠菜汁20g

≫≫ step ≫≫

| 1 | 2 | 3 | 4 |

1 │ 將白飯分成3等份，分別加入各蔬菜汁（圖片以胡蘿蔔汁為例）。

2 │ 以調理棒打成泥狀備用。

3 │ 將蔬菜米糰泥放入擠花袋擠到鍋中。

4 │ 以小火烤至兩面上色膨脹即可完成。

ch4 寶寶7~8個月

紫薯磨牙棒

手指食物

使用物品：
烤箱、保鮮膜、桿麵棍

事前準備：
紫地瓜泥（p.089）

材料：
紫地瓜泥100g、
奶油1大匙、
低筋麵粉1/2杯、
玉米粉1大匙、
雞蛋1顆

料理時間
20分鐘

Ch1
Ch2
Ch3
Ch4 寶寶7~8個月
Ch5
Ch6
Ch7

⟫⟫⟫ step ⟫⟫⟫

1

2

3

4

1　將所有材料加入碗中，以手搓揉成麵糰。

2　以保鮮模覆蓋後桿成0.5公分厚度。

3　切成長10公分的條狀。

4　將烤箱預熱170℃烤約15分鐘即可完成。

蔬菜米餅

手指食物

使用物品：烤箱、桿麵棍、保鮮膜、造型模型
事前準備：菠菜泥（p.092）
材料：在來米粉1/2杯、菠菜泥2大匙

料理時間
10
分鐘

>>> step >>>

1

2

3

4

5

1　將菠菜泥及在來米粉拌勻。
2　以手搓揉成麵糰。
3　以保鮮模覆蓋後桿成0.5公分厚度。
4　以模型壓出各式造型備用。
5　將米餅放進180℃烤箱約烤8分鐘即可完成。

ch4 寶寶7~8個月

蘋果米餅

手指食物

使用物品：桿麵棍、造型模型、烤箱
事前準備：蘋果泥（從p.116的蘋果精所萃取）
材料：在來米粉1/2杯、蘋果泥4大匙

料理時間 **10** 分鐘

≫≫ step ≫≫

1

2

3

4

5

1 將蘋果泥及在來米粉拌勻。
2 以手搓揉成米糰備用。
3 用桿麵棍桿成約0.5公分的厚片。
4 以模型壓出各式造型。
5 將米餅放進180℃烤箱約烤6~8分鐘即可完成。

Tip:
麵團下方鋪保鮮膜可防沾黏！

蛋黃南瓜泥粥

料理時間
5
分鐘

使用物品：不鏽鋼鍋
▶ 事前準備：五倍粥（p.072）
材料：五倍粥1杯、蛋黃1顆、南瓜1片、海苔3g

≫step≫

1 將南瓜切成一片三角型蒸熟備用。
2 將五倍粥與蛋黃加入鍋中。
3 拌勻煮熟備用。
4 將蛋黃泥粥排成圓形，蒸熟的三角南瓜裝飾成帽子，
　海苔裝飾成眼睛和嘴巴就完成囉。

P O I N T

 煮廚。史丹利小提醒：

南瓜蒸熟後會變得比較鬆軟，用三角形南瓜片裝飾造型
時，建議以大鏟子拿取，較能呈現完整狀態。

Ch1
Ch2
Ch3
Ch4
Ch5

寶
寶
9
〜
11
個
月

Ch6
Ch7

 【醫師。娘這樣說：】

南瓜有豐富的維生素和礦物質，另外它果肉呈現的黃色是因為有較高的胡蘿蔔
素。胡蘿蔔素被認為是保護眼睛最有用的營養素之一，因為它會轉化為維生素
Ａ，缺乏維生素Ａ會有夜盲症，但由於這是屬於脂溶性維生素，所以料理的時候
要搭配油脂。

食慾的發動，除了味覺、嗅覺以外，視覺也佔了重要的因素。尤其隨著寶寶長
大，好奇心日慾旺盛，造型可愛、顏色鮮艷的食物也比較容易引起他們的興趣和
注意。這道「蛋黃南瓜泥粥」做法簡易，但是如果我來做的話就會全部攪成一碗
噴吧！然後小孩嫌棄媽媽抓狂，爸爸就遭殃。我相信這是史丹利老師用生命完成
的一道食譜（咦）聰明的媽媽們，也可以拿出手邊的各種模具切小花、星星、愛
心等等圖案來妝點你的料理噢！

甜菜牛肉粥

料理時間
3
分鐘

使用物品：不鏽鋼鍋

▶ 事前準備：五倍粥（p.072）、洋蔥碎磚（p.081）、甜菜根泥（p.091）、牛肉精碎肉（p.097）

材料：五倍粥1杯、甜菜根泥2大匙、牛肉精碎肉2大匙、洋蔥碎磚1/3塊

›››step›››

1

1 將所有材料入鍋煮至熟即可完成。

P O I N T

煮廚。史丹利小提醒：

甜菜根略有土味，建議適當添加所需的量即可。

醫師。娘這樣說：

甜菜根因為富含鐵質、維生素B12、纖維質，近年來在台灣風行起來。喜愛甜點的媽媽們可能會知道「紅絲絨蛋糕」的顏色就是來自於甜菜根的顏色。雖然它是甜菜的地下主根，但因為醣類比重不高，分類上還是屬於蔬菜類，跟紅白蘿蔔一樣。本身富含的鐵質與維生素B12都是製造血紅素、紅血球不可或缺的材料，不過因為甜菜根取得較不易，鐵質與維生素B12也可從其他容易獲得的食材，例如牛肉、菠菜等獲得，不需要特別迷信甜菜根的營養價值。倒是本身特殊的顏色適合作為料理上配色使用。

Ch1
Ch2
Ch3
Ch4
Ch5

寶寶9～11個月

Ch6
Ch7

蛋黃蔬菜豆腐羹

料理時間
5
分鐘

▶ 使用物品：不鏽鋼鍋、調理棒

事前準備：雞高湯（p.079）、胡蘿蔔碎磚（p.083）

材料：番茄1/8顆、新鮮黑木耳1小朵、板豆腐30g、胡蘿蔔碎磚1/2顆、
菠菜（可用任何綠色蔬菜葉取代）5g、蛋黃1顆、雞高湯1/2杯

Part
4

105
道
安
心
美
味
食
譜
，
讓
寶
寶
頭
好
壯
壯

Ch1
Ch2
Ch3
Ch4
Ch5

寶
寶
9
～
11
個
月

Ch6
Ch7

≫≫step≫≫

1 | 菠菜葉撥小塊狀。
2 | 板豆腐切小丁。
3 | 番茄去皮去籽切碎丁備用。
4 | 將新鮮黑木耳加入2大匙開水，以調理棒打成泥狀，做成木耳泥備用。
5 | 將所有蔬菜碎與板豆腐丁加入雞高湯煮至沸騰。
6 | 倒入黑木耳泥勾芡。
7 | 淋上蛋黃形成花片狀即完成。

P O I N T

煮廚。史丹利小提醒：

這道料理我完全不加太白粉，而是用新鮮的黑木耳做勾芡，不論大人、小孩都能吃出健康營養！

蔬菜牛肉羹

料理時間
5
分鐘

使用物品：不鏽鋼鍋

事前準備：米漿（p.075）、菠菜泥（p.092）、牛肉精&牛肉精碎肉（p.097）

材料：牛肉精碎肉2大匙（煉牛肉精的碎肉）、菠菜泥1大匙、牛肉精1/2杯、
　　　米漿3大匙

>>> step >>>

1

2

3

1 | 將牛肉精碎肉及菠菜泥入鍋。
2 | 加入牛肉精一起燉煮。
3 | 煮熱後加入米漿勾芡即可完成。

Ch1
Ch2
Ch3
Ch4
Ch5

寶
寶
9
～
11
個
月

Ch6
Ch7

P O I N T

煮廚。史丹利小提醒：

這道料理我完全不加太白粉，而是用自製的米漿做勾芡，營養又天然。另外，我用前面教大家的牛肉精作為湯底煮粥，讓味道更加分喔！食材中的菠菜泥亦可用任何綠色菜葉取代，但須注意綠色菜葉不宜久煮，容易變黃。

醫師。娘這樣說：

從前面幾道菜看下來，大家應該可以發現一個原則「蛋白質來源（肉）＋纖維質礦物質維生素來源（菜）＋醣分來源（粥）」。之前的單元老師有教大家各種食材泥的製作，把這些冰磚除存在冰庫裡，再掌握這樣的原則，天天都可以端出新菜色囉！

雞蓉玉米羹

料理時間
5
分鐘

使用物品：不鏽鋼鍋、調理棒、易拉轉（若無易拉轉，亦可用刀切碎）

事前準備：雞高湯（p.079）、洋蔥碎磚（p.081）

材料：生雞肉泥1大匙、新鮮玉米1根、青花菜1小朵、洋蔥碎磚1/3塊、
雞高湯1/2杯

>>> step >>>

105
道安心美味食譜，讓寶寶頭好壯壯

Ch1
Ch2
Ch3
Ch4
Ch5

寶寶9～11個月

Ch6
Ch7

1 | 將青花菜燙熟以易拉轉切碎。
2 | 將生玉米切下玉米粒，切出約3大匙的量。
3 | 將生玉米粒與適量的雞高湯以調理棒打成泥備用。
4 | 將雞肉泥、雞高湯、洋蔥碎磚及青花菜碎入鍋。
5 | 拌入玉米泥煮熟即可完成。

POINT

煮廚。史丹利小提醒：

這道料理我完全不加太白粉，而是
用玉米泥做勾芡，營養更加分！

蛋黃泥拌麵線

料理時間
5
分鐘

使用物品：不沾鍋、蒸鍋（或電鍋）、易拉轉（若無易拉轉，亦可用刀切碎）、
　　　　　塑膠袋
事前準備：南瓜泥（p.088）
材料：蛋黃1顆、南瓜泥2大匙、麵線50g、青花菜2小朵、芝麻油1大匙

>>> **step** >>>

Ch1
Ch2
Ch3
Ch4
Ch5

寶
寶
9
～
11
個
月

Ch6
Ch7

1 │ 將青花菜燙熟以易拉轉切碎。

2 │ 將蛋黃入鍋蒸熟。

3 │ 蛋黃蒸熟後拌入芝麻油及南瓜泥，以湯匙
　　攪拌成泥醬。

4 │ 將南瓜蛋黃泥醬以塑膠袋包起來備用。

5 │ 沖洗過的麵線入鍋汆燙至熟透備用。

6 │ 將熟麵線圍圈盛入盤中，擠上蛋黃醬、裝
　　飾青花菜碎即可完成。

P O I N T

🍳 煮廚。史丹利小提醒：

這道以聖誕花圈為構想設計的蛋黃
泥拌麵線不論視覺上、味覺上，都
能一次滿足。記得麵線要先沖洗
過，以去除鹹味及多餘澱粉喔！

吻仔魚菠菜麵線

料理時間
5
分鐘

使用物品：不沾鍋、易拉轉（若無易拉轉，亦可用刀切碎）
事前準備：魚高湯（p.078）、洋蔥碎磚（p.081）
材料：吻仔魚20g、菠菜30g（亦可用其他綠色蔬菜葉取代）、
　　　麵線30g、洋蔥碎磚1/3塊、魚高湯1/4杯

Part
4

105
道安心美味食譜，讓寶寶頭好壯壯

Ch1
Ch2
Ch3
Ch4
Ch5
寶寶9～11個月
Ch6
Ch7

>>>step >>>

1　菠菜以易拉轉切碎。

2　將吻仔魚沖洗水後燙熟。

3　將麵線沖洗後燙熟。

4　將吻仔魚入鍋中煸炒香後，加入洋蔥碎磚及菠菜碎炒香。

5　麵線舖底後，依序放上炒香的菠菜泥吻仔魚，再注入魚高湯即可完成。

P O I N T

煮廚。史丹利小提醒：

❶ 吻仔魚沖洗可去除鹹味，汆燙可殺菌。

❷ 麵線須先沖洗過，以去除鹹味及多餘麵粉。

 醫師。娘這樣說：

魚類是相當優質的蛋白質來源，還有幼兒成長發育需要的EPA及DHA，吻仔魚這種可以整尾吞食的又有豐富的鈣質。如果對於選擇吻仔魚有環保上的疑慮，選擇其它白肉魚或是沙丁魚、香魚等可以整尾吞食的魚種也是有補鈣的效用。不過料理上要注意魚刺的處理。去魚刺的方法可將大尾魚隻煎煮到熟後，利用調理棒打成泥，再進行過篩，以確保整枝魚刺濾除無殘留。

雞肉南瓜麵線

料理時間
5
分鐘

▶ 使用物品：不鏽鋼鍋、不沾鍋
事前準備：南瓜泥（p.088）
材料：生雞肉泥30g、南瓜泥2大匙、麵線30g、蔥1g

>>>**step**>>>

1

2

3

4

5

1 麵線水洗後煮熟盛出。
2 將南瓜泥拌入麵線。
3 蔥切碎汆燙備用。
4 雞肉泥以不鏽鋼鍋煎炒方式煎熟備用。
5 南瓜麵線盛入盤中放上雞肉泥碎及蔥花即可完成。

P O I N T

 煮廚。史丹利小提醒：

將麵線用水沖洗過，可去除鹹味及多餘麵粉。

把拔做的菜最好吃了～

鮭魚燉白蘿蔔

料理時間
8
分鐘

使用物品：不沾鍋

▶ 事前準備：魚高湯（p.078）

材料：鮭魚50g、白蘿蔔小丁20g、薑片3片、魚高湯1杯

>>>step>>>

1

2

3

1 | 將不沾鍋熱鍋後，放入鮭魚煎至上色竄出香味。

2 | 同上鍋，放入薑片及蘿蔔丁拌炒。

3 | 最後加入魚高湯燉煮6分鐘即可完成。

POINT

 煮廚。史丹利小提醒：

以魚高湯燉煮的鮭魚燉白蘿蔔非常美味，若大人要吃，可以另外加調味料，味道更豐富。

Ch1
Ch2
Ch3
Ch4
Ch5
寶
寶
9
～
11
個
月
Ch6
Ch7

醫師。娘這樣說：

鮭魚的魚肉呈現粉色是因為攝取的食物（蝦子、浮游生物）當中很多蝦青素（蝦紅素），讓魚肉成色偏紅。不過現在野生的鮭魚非常稀少，大部分我們餐桌上的都是養殖鮭魚，而業者為了要讓魚肉賣相佳，會添加同樣讓魚肉成色偏紅的胡蘿蔔素在飼料當中。因此，在挑選鮭魚的時候倒不必特別相信越紅的越好。另外養殖鮭油質比較多，料理上使用乾煎、烤等方式逼出多餘油脂比較健康噢！

素蟹黃燉白菜

料理時間
20
分鐘

使用物品：蒸鍋（或電鍋）、不沾鍋

事前準備：雞高湯（p.079）、胡蘿蔔泥（p.093）

材料：胡蘿蔔泥5大匙、蛋黃1顆、白菜50g、沙拉油1大匙、
　　　雞高湯2大匙

144

Ch1
Ch2
Ch3
Ch4
Ch5
寶寶 9〜11 個月
Ch6
Ch7

>>>step >>>

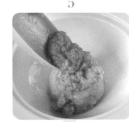

1 白菜入鍋蒸15分鐘至軟爛取出。

2 將蒸熟白菜捏成球。

3 將胡蘿蔔泥拌入蛋黃。

4 起鍋入油，加入胡蘿蔔蛋黃泥拌炒後，再加入雞高湯煮成素蟹黃醬。

5 將素蟹黃醬淋上白菜球即可完成。

醫師・娘這樣說：
很多人聽到蛋黃都退步三舍，因為它含有豐富的膽固醇所致。但是其實膽固醇是細胞膜維持穩定的重要物質，小孩子因為還在發育，其實是很需要膽固醇的。另外蛋黃還有所有的脂溶性維生素，也是少數有維他命D的食材。

素蟹黃南瓜豆腐煲

料理時間
5
分鐘

使用物品：不沾鍋

事前準備：雞高湯（p.079）、蒜碎磚（p.082）、南瓜泥（p.088）、
胡蘿蔔泥（p.093）

材料：胡蘿蔔泥2大匙、南瓜泥4大匙、板豆腐30g、蒜碎磚1/6塊、雞高湯1/4杯

>>>step >>>

1   2   3

Ch1
Ch2
Ch3
Ch4
Ch5
寶
寶
9
～
11
個
月
Ch6
Ch7

1 將板豆腐切丁，入鍋煎至上色。

2 加入蒜碎磚拌炒。

3 再加入胡蘿蔔泥、南瓜泥及雞高湯拌勻
即可完成。

POINT

🍴 煮廚。史丹利小提醒：

豆腐種類多元，像是板豆腐、嫩豆腐、雞蛋豆腐、
凍豆腐、百頁豆腐等，各有不同的口感和風味。在
購買時，建議優先選擇加工程度較低的豆腐，例如
板豆腐、嫩豆腐。雞蛋豆腐因含鈉量較高，故不適合作為食材首選。以含鈣量來看，板
豆腐的含鈣量與蛋白質皆比嫩豆腐高，能提供身體所需之營養。

在步驟1將豆腐略煎至金黃上色時，應避免表皮煎得過焦，導致口感酥脆偏硬，影響寶
寶吞嚥。料理剩下的豆腐可放保鮮盒中，加入過濾水，每兩三天換一次水，以延長保存
天數。烹調時，以煮的方式來料理，更能保住豆腐的風味喔！

牛肉芙蓉蛋

料理時間
6
分鐘

▶ **使用物品**：蒸鍋（或電鍋）、濾網
▶ **事前準備**：牛肉精碎肉（p.097）
▶ **材料**：牛肉精碎肉1大匙、蛋黃2顆、配方奶水1/4杯（1大匙奶粉＋水30c.c.，以水溫40度左右沖泡）

»» step »»

1 蛋黃及配方奶水拌勻成蛋汁。

2 將蛋汁過濾。

3 將蛋汁入碗。

4 撒上牛肉碎，入鍋蒸4～6分鐘即可完成。

POINT

🍳 煮廚。史丹利小提醒：

做出漂亮的蒸蛋有2個祕訣，以下分享給各位：

❶ 將蛋汁過濾的功能是為了讓口感更加綿密。

❷ 蒸蛋時，讓蒸鍋的蓋子留一點細縫，蒸出來的蛋會較為光滑。

Ch1
Ch2
Ch3
Ch4
Ch5

寶
寶
9
～
11
個
月

Ch6
Ch7

牛肉馬鈴薯球

料理時間
6
分鐘

使用物品：烤箱

事前準備：洋蔥碎磚（p.081）、蒜碎磚（p.082）、馬鈴薯泥（p.088）、
牛肉精碎肉（p.097）

材料：牛肉精碎肉2大匙、麵包粉3大匙、馬鈴薯泥50g（亦可用地瓜泥取代）、
洋蔥碎磚1/3塊、蒜碎磚1/6塊

>>> step >>>

1 │ 牛肉精碎肉、洋蔥碎磚、蒜碎磚及馬鈴薯泥拌勻。

2 │ 捏成球狀或各式造型。

3 │ 均勻沾裹麵包粉。

4 │ 預熱烤箱200℃，將牛肉球烤3分鐘上色即可完成。

P O I N T

🍴 煮廚。史丹利小提醒：

沾麵包粉的牛肉馬鈴薯球烤過後外酥內軟，做成一球一球的造型，是小朋友的最愛！

Ch1
Ch2
Ch3
Ch4
Ch5
寶寶9～11個月
Ch6
Ch7

原味炊魚

料理時間
4
分鐘

使用物品：不鏽鋼鍋（亦可使用電鍋或蒸鍋）
事前準備：洋蔥碎磚（p.081）、蒜碎磚（p.082）
材料：鱸魚80g、薑片3片、蔥段1支、洋蔥碎磚1/3塊、蒜碎磚1/6塊

>>> **step** >>>

1

2

3

1 | 取不鏽鋼鍋依序放上蔥段、薑片及鱸魚。
2 | 再加入蒜碎磚及洋蔥碎磚。
3 | 放上火爐冒煙小火4分鐘即可完成。

P O I N T

✗ 煮廚。史丹利小提醒：

這道料理運用清蒸的概念，將蔥段與薑片墊底去除
腥味，上層舖上洋蔥碎磚及蒜碎磚提升風味，各位
亦可依喜好搭配不同的配料清蒸出鮮魚的甜味，材
料中的鱸魚也可用鮭魚取代。步驟中，我們使用不
鏽鋼鍋示範，若家中無不鏽鋼鍋，也可以用電鍋或
蒸鍋加1杯水蒸熟。

Ch1
Ch2
Ch3
Ch4
Ch5
Ch6

寶寶1歲～1歲6個月

Ch7

田園蔬菜烘蛋

料理時間
5
分鐘

使用物品：不沾鍋、易拉轉（若無易拉轉，亦可用刀切碎）

事前準備：雞高湯（p.079）、洋蔥碎磚（p.081）、胡蘿蔔碎磚（p.083）

材料：雞蛋1顆、菠菜10g、洋蔥碎磚1/3塊、胡蘿蔔碎磚1塊、雞高湯1大匙、奶油1/2大匙

>>> step >>>

105
道
安
心
美
味
食
譜
，
讓
寶
寶
頭
好
壯
壯

Ch1
Ch2
Ch3
Ch4
Ch5
Ch6

寶
寶
1
歲
〜
1
歲
6
個
月

Ch7

1 | 將菠菜以易拉轉切碎備用。
2 | 將菠菜碎以奶油（1小匙）炒熟。
3 | 在碗中加入雞蛋與雞高湯。
4 | 將菠菜碎、胡蘿蔔碎磚及洋蔥碎磚加入蛋汁拌勻。
5 | 蛋汁入鍋炒半熟後，蓋鍋蓋烘烤熟即可完成。

鮭魚花菜茶碗蒸

料理時間
8
分鐘

使用物品：蒸鍋（或電鍋）、濾網
事前準備：日式高湯（p.077）
材料：蛋1顆、日式高湯1/2杯、青花菜10g、熟鮭魚碎15g（亦可用鯖魚取代）

≫≫ step ≫≫

1

2

3

4

5

Ch1
Ch2
Ch3
Ch4
Ch5
Ch6

寶
寶
1
歲
～
1
歲
6
個
月

Ch7

1 | 將青花菜以易拉轉切碎備用。
2 | 將蛋打散再加柴魚高湯。
3 | 將蛋汁過濾倒入容器中。
4 | 入鍋蒸6分鐘開鍋。
5 | 加入熟鮭魚碎及青花菜碎再蒸1分鐘即可完成。

P O I N T

🧑‍🍳 煮廚。史丹利小提醒：

做出漂亮的蒸蛋有2個祕訣，以下分享給各位：

❶ 將蛋汁過濾的功能是為了讓口感更加綿密。

❷ 蒸蛋時，讓蒸鍋的蓋子留一點細縫，蒸出來的蛋會較為光滑。

蔬菜絲炒麵線

料理時間
6
分鐘

使用物品：不沾鍋

事前準備：蒜碎磚（p.082）

材料：高麗菜絲5g、胡蘿蔔絲3g、青江菜絲3g、蒜碎磚1/6塊、蛋1顆、
麵線40g、沙拉油1大匙

≫≫step ≫≫

Ch1
Ch2
Ch3
Ch4
Ch5
Ch6

寶寶1歲～1歲6個月

Ch7

1 | 起鍋入油炒胡蘿蔔絲、青江菜絲及高麗菜絲，入蒜碎炒香盛出備用。

2 | 同上鍋，倒入蛋液炒成蛋碎備用。

3 | 麵線水洗後，起滾水鍋將麵線煮熟後捲起入盤，放上蔬菜絲及蛋碎即可完成。

醫師。娘這樣說：

這道菜，聰明的各位一定有發現，史丹利老師又再度掌握了「蛋白質來源＋纖維礦物質維生素來源＋醣分來源」的均衡原則了吧！ 所以要做變化也很簡單噢～ 蘿蔔、青江菜、高麗菜可以替換成自己喜愛的其他蔬菜，碎蛋當然可以用其他肉類或豆腐類代替。不過大家有注意到嗎？老師這樣的食材搭配還掌握了另一個「黃、綠、紅」原則噢！一道引起食慾、賞心悅目的料理，幾乎都會有黃、綠、紅三色。所以做給小寶貝的時候，在配色上也不得不花點心思呢！
（老公的話就不必了，看冰箱有什麼就炒什麼）

乳酪青醬天使麵

料理時間
6
分鐘

▶ 使用物品：不沾鍋、調理棒

▶ 材料：九層塔20g、橄欖油2大匙、蒜片1瓣、堅果3g、天使麵40g、帕馬森起司1小匙（帕馬森起司粉亦可用任何起司取代，若小朋友不吃起司，則可依喜好不加入）

>>>step >>>

Ch**1**

Ch**2**

Ch**3**

Ch**4**

Ch**5**

Ch**6**

1 九層塔及蒜片汆燙。

2 燙過後撈起泡冰水，再瀝乾擠出水分。

3 將天使麵煮熟。

4 取不沾鍋，撒入起司粉煎成脆餅備用。

5 將九層塔、蒜片、橄欖油及堅果以調理棒打成青醬備用。

6 將煮熟天使麵拌入青醬。

7 將青醬天使麵盛入盤中，放上起司脆餅即可完成。

P O I N T

煮廚。史丹利小提醒：

步驟中將九層塔汆燙可保留青翠色澤，更在製作青醬時不會變黑喔！

鮭魚蘆筍燉飯

料理時間
5
分鐘

使用物品：不沾鍋

事前準備：軟飯（p.072）、雞高湯（p.079）、洋蔥碎磚（p.081）、蒜碎磚（p.082）

材料：熟鮭魚碎肉2大匙、蘆筍10g、軟飯40g、雞高湯1/2杯、洋蔥碎磚1/3塊、蒜碎磚1/6塊、帕馬森起司粉1小匙（帕馬森起司粉亦可用任何起司取代，若小朋友不吃起司，則可依喜好不加入）

Part 4

105
道安心美味食譜，讓寶寶頭好壯壯

Ch1
Ch2
Ch3
Ch4
Ch5
Ch6

寶寶1歲～1歲6個月

Ch7

>>> step >>>

1

2

3

4

5

1　蘆筍切丁後入鍋汆燙。

2　取不沾鍋，撒入起司粉煎成脆餅備用。

3　將洋蔥碎磚及蒜碎磚入鍋拌炒。

4　再加入鮭魚碎肉、軟飯與雞高湯燉煮成燉飯。

5　盛起燉飯，放上起司脆餅即可完成。

P O I N T

🍳 煮廚。史丹利小提醒：

挑選蘆筍有3個步驟：

❶ 上頭尖端飽滿

❷ 筍支肥碩不鬆軟表示水分充足

❸ 基部不能乾燥變色，乾燥變色表示蘆筍木質化，口感會比較老。保存時，可運用餐巾紙沾濕包住蘆筍基部，再用白報紙包覆，冰至冰箱，避免水分流失。

在這道料理中，如果買不到或不喜歡吃蘆筍的人，也可以用四季豆或其豆類蔬菜取代。若使用青豆仁，建議先將青豆仁加鹽汆燙，以去除腥味。

南瓜花菜燉飯

料理時間
5
分鐘

使用物品：不沾鍋

事前準備：軟飯（p.072）、雞高湯（p.079）、洋蔥碎磚（p.081）
　　　　　蒜碎磚（p.082）、青花菜泥（p.087）、南瓜泥（p.088）

材料：南瓜泥3大匙、青花菜泥3大匙、軟飯40g、黑芝麻1/4小匙、雞高湯1/2杯、
　　　洋蔥碎磚1/3塊、蒜碎磚1/6塊、配方奶水1/4杯（1大匙奶粉＋水30c.c.，以
　　　水溫40度左右沖泡）、帕馬森起司粉1小匙（帕馬森起司粉亦可用任何起
　　　司取代，若小朋友不吃起司，則可依喜好不加入）

Part
4

105道安心美味食譜，讓寶寶頭好壯壯

Ch1
Ch2
Ch3
Ch4
Ch5
Ch6

寶寶1歲～1歲6個月

Ch7

>>> step >>>

1 起不沾鍋，加入洋蔥碎磚、蒜碎磚、
　南瓜泥、軟飯。

2 加入配方奶水。

3 再加入帕馬森起司粉及雞高湯燉煮。

4 拌煮至收乾水分。

5 將南瓜燉飯以碗或模型定型成圓形。

6 以青花菜泥排出頭髮。

7 用黑芝麻裝飾成眼睛。

8 最後再用青花菜泥排出嘴巴即可完成。

醫師•娘這樣說：

南瓜有豐富的維生素和礦物質，
另外它果肉呈現的黃色是因為有
較高的胡蘿蔔素。胡蘿蔔素被認
為是保護眼睛最有用的營養素之一，因
為它會轉化為維生素Ａ，缺乏維生素Ａ
會有夜盲症，但因為這是屬於脂溶性維
生素，所以料理的時候要搭配油脂（例
如本道菜搭配起司一起使用）。

南瓜麵疙瘩

料理時間
6
分鐘

使用物品：不沾鍋、叉子

事前準備：雞高湯（p.079）、洋蔥碎磚（p.081）、蒜碎磚（p.082）、
南瓜泥（p.088）、馬鈴薯泥（p.088）

▶ 材料：南瓜泥2大匙、馬鈴薯泥3大匙、高筋麵粉3大匙、配方奶粉水1/4杯（1大
匙奶粉＋水30c.c.，以水溫40度左右沖泡）、雞高湯4大匙、洋蔥碎磚1/3
塊、蒜碎磚1/6塊、帕馬森起司粉1/2小匙（帕馬森起司粉亦可用任何起司
取代，若小朋友不吃起司，則可依喜好不加入）

>>>step >>>

Ch1
Ch2
Ch3
Ch4
Ch5
Ch6

寶
寶
1
歲
~
1
歲
6
個
月

Ch7

Tip:
叉子沾上麵粉
可防沾黏！

1　將馬鈴薯泥與高筋麵粉拌勻成麵糰。

2　將麵糰搓成長條，以小叉子切成一口大小。

3　以叉子壓造型，製做成多個麵疙瘩備用。

4　起滾水鍋，將麵疙瘩煮至浮起至熟撈起備用。

5　起鍋，將洋蔥碎磚、蒜碎磚、南瓜泥、雞高湯、配方奶粉水、起司粉拌炒均勻。

6　將煮熟的麵疙瘩入鍋拌炒即可完成。

P O I N T

煮廚。史丹利小提醒：

麵疙瘩可以一次做大量一點冰在冷凍庫，忙錄時隨時煮一下就能吃囉！

杏桃燉雞丁

料理時間
6
分鐘

使用物品：不鏽鋼鍋

▶ 事前準備：雞高湯（p.079）

材料：軟杏桃乾3塊、雞腿小丁50g、蔥花1小匙、 雞高湯3大匙

調味料：素蠔油1小匙、香油1/2小匙

>>> step >>>

1

2

3

4

Ch1
Ch2
Ch3
Ch4
Ch5

Ch6

寶
寶
1
歲
〜
1
歲
6
個
月

Ch7

1 | 軟杏桃乾切丁塊狀。
2 | 將素蠔油、香油及雞高湯加入杏桃丁與雞腿丁拌勻略醃後，將雞腿丁撈起。
3 | 起鍋將醃好的雞腿丁煎上色。
4 | 再倒入步驟2的所有材料與蔥花燉煮約6分鐘即可完成。

P O I N T

🍳 煮廚。史丹利小提醒：

杏桃乾亦可用新鮮的杏桃，但
因受季節限制，推薦各位爸媽
用杏桃乾比較方便，做出的風
味也很不錯喔！

醫師。娘這樣說：

這道菜，將來孩子大了，可以改成雞腿
排或是不用切那麼小塊的雞腿丁，就是
好吃又好看的便當主菜囉～還可以取名
「地中海杏桃燉雞佐蔥花」，有沒有立
馬上升了好幾個檔次的感覺呢～～～

焦糖布丁

料理時間
6
分鐘

▶ 使用物品：不沾鍋、不鏽鋼鍋（或電鍋）、濾網
▶ 蛋汁材料：鮮奶300c.c.、全蛋3顆、蛋黃3顆
焦糖材料：二砂糖2大匙、水6大匙

Part
4

105
道安心美味食譜，讓寶寶頭好壯壯

Ch1
Ch2
Ch3
Ch4
Ch5
Ch6

寶寶1歲～1歲6個月

Ch7

>>>step>>>

1

2

3

4

5

Tip:
熬煮糖水時切勿攪
拌，以免結霜。

1 | 將鮮奶、全蛋及蛋黃拌勻後，過濾備用。
2 | 將二砂糖及水熬煮成焦糖色。
3 | 將煮好的糖水舀入容器中。
4 | 再倒入蛋汁。
5 | 以蒸鍋留縫隙蒸約6～8分鐘即可完成。

POINT

煮廚。史丹利小提醒：

這道焦糖布丁是大人、小孩都愛的美味點心。在食譜中，
我們將糖量調整為適合寶寶的少量，若是大人要吃的，建
議可以依喜好再加一些糖。上述步驟中，我們將蛋汁過濾
再蒸，讓布丁的口感更加綿密。蒸鍋蓋子放一隻小叉子留
細縫，可讓布丁較光滑喔！

南瓜堅果煎餅

手指食物

料理時間
5
分鐘

▶ 使用物品：不沾鍋、易拉轉（若無易拉轉，亦可用刀切碎）
事前準備：南瓜泥（p.088）
材料：南瓜泥2大匙、地瓜粉1大匙、玉米粉1大匙、煉乳1大匙、堅果30g

>>> step >>>

1

2

3

4

5

Ch1
Ch2
Ch3
Ch4
Ch5
Ch6

6

1　將堅果以易拉轉打成顆粒備用。
2　其餘食材攪拌成糰。
3　鋪上保鮮膜後，將麵糰壓扁。
4　鍋中入油放入堅果碎。
5　再鋪上南瓜麵糰。
6　煎至兩面上色熟透後，切成條狀
　　即可完成。

蘋果葡萄果凍

料理時間 5 分鐘

▶ 使用物品：冰塊、調理棒、不沾鍋
▶ 材料：蘋果1/2顆、葡萄5顆、開水1杯、
吉利丁2片（或1匙吉利T粉）

Ch1
Ch2
Ch3
Ch4
Ch5
Ch6

>>> step >>>

1

  2

3

4

  5

1 　吉利丁泡冰水軟化。
2 　將軟化的吉利丁擠乾水分備用。
3 　將葡萄及蘋果去皮去籽後加入開水，以調理棒打成果汁。
4 　取不沾鍋，將果汁及吉利丁入鍋略微加熱攪拌至吉利丁溶化即可。
5 　倒入容器或模型，入冰箱冰至定型即可完成。

P O I N T

 煮廚。史丹利小提醒：

吉利丁又稱明膠，是以動物皮、骨內的蛋白質，即膠原製成無味的膠質，故為葷食。素食可選用「吉利T粉」（又稱植物膠）。

175

酪梨奶油飯

料理時間
6
分鐘

使用物品：不鏽鋼鍋
事前準備：蒜味奶油飯（p.073）
材料：蒜味奶油飯1/2碗、酪梨1/8顆、海苔1g
調味料：醬油1小匙、檸檬1/10顆

>>>step >>>

1    2    3

4

Ch1
Ch2
Ch3
Ch4
Ch5
Ch6

Ch7

寶寶1歲7個月以上

1 | 將酪梨切丁。
2 | 接著拌入少許檸檬汁備用。
3 | 將醬油加入檸檬汁拌勻成醬汁。
4 | 將蒜味奶油飯盛入碗中，放上酪梨丁，再淋上醬汁、撒上海苔即可完成。

POINT

 煮廚。史丹利小提醒：
酪梨拌上檸檬汁不但能增加
香氣，還可防止氧化喔！

 醫師．娘這樣說：

酪梨雖然是一種果實，但與一般水果不一樣，它最多也最獨特的營養素就是——
脂肪！ 聽到脂肪先別倒退三步，酪梨所含的脂肪根據台灣食品成分資料庫顯
示，大部分都是不飽和脂肪酸，所以酪梨是「好的脂肪來源」。另外它也有豐富
的礦物質與纖維，以及本身高脂肪的特性，有利於脂溶性維生素（ADEK）的吸
收。

香菇肉燥飯

料理時間
20
分鐘

　使用物品：不沾鍋、易拉轉（若無易拉轉，亦可用刀切碎）
▶　**事前準備**：白飯（p.073）、雞高湯（p.079）
　材料：乾香菇2朵、豬五花肉小丁100g、豬皮丁50g、紅蔥頭1瓣、白飯1/2碗
　調味料：醬油2大匙、糖1大匙、五香粉1/2小匙、雞高湯2杯

>>> **step** >>>

1　2　3

4

5

Ch1
Ch2
Ch3
Ch4
Ch5
Ch6
Ch7

寶
寶
1
歲
7
個
月
以
上

1 | 將紅蔥頭以易拉轉拉碎。
2 | 乾香菇洗淨泡水切碎。
3 | 將所有材料入鍋炒香。
4 | 加入調味料燉煮約20分鐘。
5 | 將肉燥淋至白飯上即可完成。

P O I N T

煮廚。史丹利小提醒：

香菇肉燥超下飯，建議可以煮一大鍋冷凍起來，除了寶寶吃，帶便當、忙錄時隨時熱一下，方便又省時，食材中的豬皮丁還可以增加香味及膠質喔。

蔬菜番茄燉牛肋

料理時間
6
分鐘

使用物品：壓力鍋（若無壓力鍋，亦可使用一般電鍋取代，但所需時間較長）、
壓胡蘿蔔的造型模型

事前準備：雞高湯（p.079）

材料：牛肋條塊200g、番茄1顆、西芹1/2支、洋蔥1/4顆、雞高湯2杯、月桂葉1片

調味料：醬油1大匙

參考搭配主食材料：藜麥飯（藜麥3g、白米30g）

參考配菜材料：青花菜20g、胡蘿蔔1/6條（可煮熟壓出造型）

Part
4

105道安心美味食譜，讓寶寶頭好壯壯

Ch1
Ch2
Ch3
Ch4
Ch5
Ch6
Ch7

寶寶1歲7個月以上

>>> step >>>

1

2

4

4

5

參考搭配之主食、蔬菜亦可依喜好自由更換喔！

1 ｜ 將藜麥及白米洗淨後加入同等量的雞高湯，用蒸鍋蒸煮至熟透備用。
2 ｜ 壓力鍋熱鍋後，將牛肋條煎香出油。
3 ｜ 再加入番茄塊、西芹塊、洋蔥塊及胡蘿蔔燉煮約6分鐘。
4 ｜ 接著開鍋加入青花菜燜2分鐘即可。
5 ｜ 最後將所有熟料及藜麥飯盛入盤中即完成。

醫師‧娘這樣說：
基本上，1歲半以上其實已經算走完副食品階段了，這個階段主要是發展出使用餐具的功能的時期，爸媽可以讓寶寶用自己專屬的湯匙、叉子、水杯，加上可愛的餐盤裝各式各樣的食物，讓寶寶邊吃邊快樂學習我們大人的用餐方式喔！

彩色米丸子

料理時間
10
分鐘

> 使用物品：蒸鍋（或電鍋）
>
> 事前準備：洋蔥碎磚（p.081）、蒜碎磚（p.082）、南瓜泥（p.088）
>
> 材料：豬絞肉100g、南瓜泥2大匙、白米3大匙、黑米1大匙、洋蔥碎磚1/3塊、蒜碎磚1/6塊

Ch1
Ch2
Ch3
Ch4
Ch5
Ch6
Ch7

≫≫step≫≫

1

2

3

4

5

6

1 白米及黑米泡水約1小時。
2 白米及黑米瀝乾水分鋪在盤上拌勻備用。
3 南瓜泥拌入豬絞肉、洋蔥碎磚及蒜碎磚拌勻。
4 捏擠成五元硬幣大小的球狀。
5 均勻沾裹盤子上的生米。
6 入蒸鍋蒸約10分鐘即可完成。

P O I N T

 煮廚。史丹利小提醒：

將南瓜豬肉泥擠成球時，手上沾裹水可以防止黏手。

183

牛肉蔬菜漢堡排

料理時間
6
分鐘

使用物品：不沾鍋

▶ **事前準備：**洋蔥碎磚（p.081）、蒜碎磚（p.082）、胡蘿蔔碎磚（p.083）、
　　　　　　　將西芹以易拉轉切碎備用。

材料：細牛絞肉100g、洋蔥碎磚1/2塊、胡蘿蔔碎磚1/2塊、西芹碎1大匙、
　　　　蒜碎磚1/6塊、乳酪片1片

Part

4

105道安心美味食譜，讓寶寶頭好壯壯

Ch1
Ch2
Ch3
Ch4
Ch5
Ch6

Ch7

寶寶1歲7個月以上

>>> **step** >>>

1

2

3　　　　**4**

1 | 將洋蔥碎磚、胡蘿蔔碎磚、蒜碎磚、西芹碎及牛絞肉拌勻。
2 | 將牛肉泥摔打後，捏搓成球備用。
3 | 取不沾鍋，將肉排兩面煎熟。
4 | 最後放上乳酪片即可完成。

P O I N T

 煮廚。史丹利小提醒：

你家的寶貝挑食、不愛吃蔬菜嗎？沒關係！快試試大人小孩都愛的漢堡排，只要製作時把蔬菜碎夾在肉中，就能讓孩子吃到營養的蔬菜囉！

蔥燒雞蓉豆腐漢堡排

料理時間
6
分鐘

> 使用物品：不鏽鋼鍋、調理棒
> 事前準備：熟胡蘿蔔塊、熟絲瓜圈、雞高湯（p.079）、蒜碎磚（p.082）
> ▶ 材料：雞絞肉50g、板豆腐50g、嫩薑末1/4小匙、蒜碎磚1/6塊、蔥1/6支
> 調味料：醬油1小匙、雞高湯1/2杯
> 建議配菜：熟胡蘿蔔塊、熟絲瓜圈（亦可更換其他蔬菜喔）

>>> step >>>

1

  2  3

Ch1
Ch2
Ch3
Ch4
Ch5
Ch6
Ch7

4  5

1　將所有材料（絞肉、板豆腐、嫩薑末、
2　蔥、蒜碎磚）以調理棒攪拌。
3　再加入醬油調味拌勻。
4　將絞肉泥捏成漢堡排。
5　取不鏽鋼鍋熱鍋，將肉排煎熟。
　　加入雞高湯煨煮，最後盛盤就完成囉！

香菇鑲肉

料理時間
10
分鐘

使用物品：不沾鍋、調理棒、蒸鍋（或電鍋）
事前準備：蒜碎磚（p.082）、馬鈴薯泥（p.088）
材料：新鮮香菇3朵、馬鈴薯泥4大匙、豬絞肉2大匙、馬鈴薯40g、核桃1大匙、蒜碎磚1/6塊

>>> step >>>

Ch1
Ch2
Ch3
Ch4
Ch5
Ch6
Ch7

寶寶1歲7個月以上

1 | 將核桃以調理棒打成粉狀備用。
2 | 將馬鈴薯切成長1.5公分寬0.5公分的條狀。
3 | 將切好的馬鈴薯條燙煮約2分鐘撈起備用。
4 | 將新鮮香菇表面刻井字形。
5 | 將香菇入鍋汆燙2分鐘撈起。
6 | 用廚房紙巾吸乾香菇的水分。
7 | 起鍋，將細絞肉炒香後，加入馬鈴薯泥、蒜碎碴及核桃粉
8 | 以調理棒拌打均勻。
9 | 開始製作烏龜造型囉！
　　❶ 將薯肉泥鑲入燙熟香菇。
　　❷ 以黑芝麻點綴眼睛，接著將燙熟的馬鈴薯條裝飾成頭、腳及尾巴造型。
10 | 將做好的香菇鑲肉入鍋蒸2分鐘即可完成。

無花果燉牛肉

料理時間
6
分鐘

使用物品：壓力鍋（若無壓力鍋，亦可使用一般電鍋取代，但所需時間較長）

事前準備：高麗菜切粗絲、煮熟胡蘿蔔塊與花椰菜、烤造型南瓜

材料：無花果乾60g、牛腩100g、高麗菜粗絲80g、水果醋2大匙

建議配菜：造型烤南瓜、熟胡蘿蔔塊、熟花椰菜（配菜亦可自由更換其他蔬菜喔）

Part
4

105道安心美味食譜，讓寶寶頭好壯壯

Ch1
Ch2
Ch3
Ch4
Ch5
Ch6
Ch7

寶寶1歲7個月以上

≫ step ≫

1 | 將牛腩切塊備用。
2 | 無花果乾切粗條。
3 | 取壓力鍋熱鍋將牛腩煎上色。
4 | 加入其餘材料（無花果乾、高麗菜粗絲及水果醋）拌炒，蓋上壓力鍋蓋，上壓小火**6**分鐘即可完成。

P O I N T

🍴 煮廚。史丹利小提醒：

這道料理添加的水果醋富含果酸，可使肉質柔軟鮮嫩且增添風味，酸酸甜甜的口味，大人小孩都愛吃。若想增添風味，建議大人吃的可以另外加一點二砂糖調味，讓層次更豐富。無花果乾亦可用任何果乾取代喔，例如杏桃乾。

鮭魚抹醬搭全穀片

料理時間
8
分鐘

▶ 使用物品：不沾鍋、調理棒
事前準備：洋蔥碎磚（p.081）、蒜碎磚（p.082）
材料：鮭魚150g、洋蔥碎磚1/3塊、蒜碎磚1/6塊、動物鮮奶油2大匙、全穀片2片

Part **4**

105
道安心美味食譜，讓寶寶頭好壯壯

Ch1
Ch2
Ch3
Ch4
Ch5
Ch6
Ch7

寶寶1歲7個月以上

>>> step >>>

1 | 將鮭魚煎熟後加入洋蔥磚及蒜磚拌炒後待涼。
2 | 將步驟1材料加入動物鮮奶油，以調理棒打成泥即為鮭魚醬。
3 | 將鮭魚醬塗抹於全穀片上即可完成。

P O I N T

 煮廚。史丹利小提醒：
若擔心打成泥的鮭魚醬殘留魚刺，可過篩剔除。

 醫師。娘這樣說：
全穀片也可以用其它餅乾或是烤吐司取代。這道料理可以作為方便快速的早餐選擇，現代人忙碌往往省略掉早餐，但已經很多研究發現，省略早餐反而會增加代謝症候群的風險！所以吃早餐的好習慣要從小養起噢！

蔬菜蝦餅

料理時間
5
分鐘

▶ **使用物品**：不沾鍋、易拉轉（若無易拉轉，亦可用刀切碎）

事前準備：洋蔥碎磚（p.081）、蒜碎磚（p.082）、胡蘿蔔碎磚（p.083）

材料：草蝦6隻、高麗菜50g、胡蘿蔔碎磚1塊、洋蔥碎磚1/3塊、蒜碎磚1/6塊、奶油1大匙

>>> step >>>

Ch1
Ch2
Ch3
Ch4
Ch5
Ch6
Ch7

寶
寶
1
歲
7
個
月
以
上

1 | 以易拉轉將高麗菜切碎。
2 | 將草蝦去殼及腸泥後，放入易拉轉打成泥。
3 | 再加入所有材料攪拌勻
4 | 將蝦泥捏成球後略為壓扁。
5 | 取不沾鍋放入奶油。
6 | 將蝦餅入鍋煎熟即可完成。

雪花奶凍

料理時間
5
分鐘

▶ **使用物品：**不沾鍋、模型、保鮮膜
材料：鮮奶1杯、玉米粉2大匙、椰子粉2大匙

Part
4

105道安心美味食譜，讓寶寶頭好壯壯

Ch1
Ch2
Ch3
Ch4
Ch5
Ch6
Ch7

寶寶1歲7個月以上

Tip:
一定要拌勻才能開火，以免黏鍋喔！

>>> step >>>

1

2

3

4

5

1 │ 取不沾鍋，倒入鮮奶及玉米粉拌勻後開火。
2 │ 持續攪拌至成稠狀即可熄火。
3 │ 倒入鋪有保鮮膜的模型。
4 │ 入冰箱待涼定型後取出切塊。
5 │ 最後沾裹椰子粉即可完成。

P O I N T

煮廚。史丹利小提醒：

這道雪花奶凍吃起來冰涼順口、入口即
化，濃郁的奶香結合充滿香氣的椰子
粉，是我家小朋友最愛的點心！食材
中的椰子粉也可依個人喜好，改用花生
粉、芝麻粉或堅果粉取代。喜歡吃原味
的人，亦可不沾裹任何粉直接食用，品
嚐鮮奶凍原始的香醇滋味！

杏桃鮮奶酪

料理時間
5
分鐘

▶ **使用物品：**不沾鍋、調理棒
▶ **材料：**鮮奶1杯、鮮奶油1/2杯、吉利丁片2片、糖1大匙、軟杏桃乾40g、水5大匙

>>> **step** >>>

1

2

3

4

5

6

Ch1
Ch2
Ch3
Ch4
Ch5
Ch6

Ch7

寶
寶
1
歲
7
個
月
以
上

1 軟杏桃乾加入開水以調理棒打成果泥
備用。

2 吉利丁泡冰水至軟化。

3 將軟化的吉利丁擠乾水分備用。

4 取不沾鍋將鮮奶、鮮奶油、糖及軟化
吉利丁攪拌煮至溶化。

5 倒入模型或容器中，放冰箱冰至定型
即可取出。

6 淋上步驟1的杏桃泥即可完成。

P O I N T

🍴 煮廚。史丹利小提醒：

杏桃乾亦可用新鮮的杏桃，但因受季
節限制，推薦各位爸媽用杏桃乾比較
方便，做出的風味也很不錯喔！

料理必備好物，
美味副食品輕鬆做！

**KUHN RIKON瑞士
雞祥家族HOTPAN休閒鍋3L**
13,000元／組

　　可愛雞祥家族的休閒鍋限量一組，由瑞士國寶級鍋具品牌KUHN RIKON原廠設計，得過德國IF設計獎。此鍋具有11功能：炒、燙、煮、炸、烤、蒸、鹵、燉、燜、拌沙拉，保溫效果超強，可達2～4小時。3L適合二至四口之家，可以蒸整條魚，無水炒青菜份量很足，還可以烤春雞、吃小火鍋！連專業煮廚都愛用的實用工具，絕對是家庭主婦、料理菜鳥、愛下廚的你必備的秘密武器！

我要抽：☐ KUHN RIKON瑞士雞祥家族HOTPAN休閒鍋3L
　　　　　（市價13,000；限量1組）

姓名：＿＿＿＿＿＿＿＿　性別：＿＿＿＿

聯絡電話（市話／手機）：＿＿＿＿＿＿＿＿＿＿＿＿＿

寄送地址：＿＿＿＿＿＿＿＿＿＿＿＿＿＿＿＿＿＿＿＿

你是在什麼管道購買到這本書的呢？＿＿＿＿＿＿＿＿＿

活動抽獎辦法

❶ 購買本書後，於左頁下方表格中，填寫完整的個人資料。

❷ 填寫完後，請以相機或手機，拍下本頁與左頁。

❸ 拍下購書發票或出貨單的照片（出貨單為網購書店出貨時，隨附書的紙本出貨證明）。

❹ 將步驟2.與步驟3.拍攝的照片，在活動期間內（**出版日起至 2017/12/31止**），以「私訊」方式上傳至「捷徑book站」（https://www.facebook.com/royalroadbooks；或於FB上搜尋：捷徑book站）。

❺ 出版社於活動期間不定期抽出數位中獎人，並於線上（捷徑book站）公布得獎人名單。

❻ 由專人電話聯絡中獎人，確認聯絡資訊無誤後寄送贈品。

★本次活動期間：出版日起至**2017/12/31**止。
★為維護所有活動參加者之權利，上述步驟中，若有任一項未確實達成，則視為未完成報名。
★若有任何疑問，亦可於捷徑book站（https://www.facebook.com/royalroadbooks）以私訊方式詢問。
★本活動內容出版社擁有保留修改之最終權利。

還有還有！

機會就在眼前，不好好把握怎麼行？
詳細抽獎辦法請至(網址)或掃描QRcode了解內容！

1／ 限量200支
KUHN RIKON 瑞士
小廚師大嘴青鳥兒童鏟
（市價399元／支）

2／ 限量100組
UCOM 河馬防熱手套
（黃色或藍色）（市價398元／組）

bamix®寶 迷
of Switzerland 轉動奇機料理棒

用最好的料理棒
給寶寶最棒的營養

BAMIX BABY FOOD RECIPES

bamix

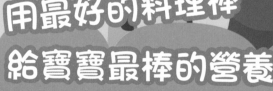

| 製無糖豆漿 | 青花菜泥 | 鮭魚豆漿山藥粥 | 核桃香蕉泥 |

輕鬆做副食品

- · 吃多少做多少、快速、好清洗
- · 可換刀頭，一機多用
- · 瑞士製造，專業廚師的首選
- · 榮獲日本 ◈ GOOD DESIGN AWARD 長青設計獎

選搭商品推薦

KUHN RIKON瑞士
白金壓力鍋單柄3.5L
  100%瑞士製造
-曾榮獲《紐約時報》譽為壓力鍋中的賓士
-快速、美味、安靜、安全
-上壓1分鐘煮白飯、5分鐘竹筍、15分鐘滷豬腳

KUHN RIKON瑞士
雞祥家族HOTPAN休閒鍋3L
超可愛的萬用鍋，11功能：
炒、燙、煮、炸、烤、蒸、鹵、燉、燜、拌沙拉
保溫效果超強，可達2~4小時。
適合二至四口之家，可蒸魚煮火鍋，無水炒青菜

bamix® 寶　迷
of Switzerland　轉動奇機料理棒

www.bamix.com.tw
瑞康屋 02 2810 8580 / 0800 39 3399

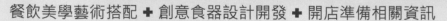

【我的第一本】

心纖系
009

醬料地圖

中式╳西式╳日韓╳南洋╳嚴選57種百搭醬料

誰說做菜一定會蓬頭垢面、手忙腳亂？只要靠「醬」3分鐘快速上菜，煎煮炒炸都適用，任何料理都百搭！

煮廚史丹利的 57 種自製安心醬料，3 分鐘有「醬」就上菜！

Stanley李建軒／著

【我的第一本】醬料地圖

煮廚 Stanley 李建軒 ◎著

捷徑文化

定價：台幣349元
1書／18開／全彩／頁數：184頁